Gabriele Cerwinka/Gabriele Schranz

Wenn der Kunde laut wird

Professioneller Umgang mit Beschwerden

Bibliografische Information der Deutschen Bibliothek

Die Deutsche Bibliothek verzeichnet diese Publikation in der Deutschen Nationalbibliografie; detaillierte bibliografische Daten sind im Internet über http://dnb.ddb.de abrufbar.

ISBN 978-3-7093-0254-5

Umschlag: buero8
© LINDE VERLAG WIEN Ges.m.b.H., Wien 2009
1210 Wien, Scheydgasse 24, Tel.: 0043/1/24 630
www.lindeverlag.at
www.lindeverlag.de
Druck: Hans Jentzsch & Co. GmbH.
1210 Wien, Scheydgasse 31

1

Inhalt

Stellen Sie sich vor, Sie haben seit 15 Jahren dieselbe Waschmaschine. Sie sind so weit damit zufrieden – sie tut, was sie soll, sie wäscht Ihre Wäsche je nach gewähltem Programm. Eigentlich denken Sie nie darüber nach, wie zuverlässig Sie dieses Gerät in Ihrem Alltag unterstützt – es ist für Sie selbstverständlich. Eines Tages jedoch passiert es: Als Sie sich der Waschküche nähern, merken Sie sofort, dass etwas heute ganz und gar anders ist als sonst: Noch bevor Sie das Licht aufdrehen, tappen Sie in eine riesige Wasserlacke. Bei hellem Lichtschein wird das volle Ausmaß der Katastrophe ersichtlich: Ihr Keller steht unter Wasser, offensichtlich hat die alte Waschmaschine aufgehört, richtig zu funktionieren! Nachdem Sie das ärgste Chaos behoben haben, rufen Sie den Servicedienst der Waschmaschinenfirma an. Nach dreimaligem Weiterverbinden sind Sie an der richtigen Stelle. Sie schildern Ihr Unglück und hoffen auf rasche Hilfe. Doch die Dame am anderen Ende der Leitung geht nicht wirklich auf Ihre Situation ein. Sie ist vielmehr offensichtlich damit beschäftigt, ein Formular auf Ihrem PC auszufüllen. Daher bombardiert sie Sie mit Fragen: Name? Adresse? Kundennummer? Genaue Bezeichnung des Gerätes? Baujahr? – „Was? Das Gerät ist schon 15 Jahre alt? Und da wundern Sie sich, wenn eine Reparatur anfällt?" Diese schulmeisterliche Aussage bringt neben Ihrem Keller auch Ihre Geduld zum Überlaufen. Sie beschließen in der Sekunde, kein Gerät mehr in dieser Firma zu kaufen.

So landet bald eine neue Waschmaschine einer anderen Marke in Ihrem Waschkeller. Problem erledigt, wenn auch mit einer nicht unerheblichen Investition verbunden. Nach einigen Monaten steht Ihr Urlaub vor der Tür und Sie wollen all Ihre Sommersachen durchwaschen. Bei der dritten Füllung passiert es: Eine mittlere Lacke bildet sich rund um das neue Gerät, es gibt seltsame Geräusche von sich. „Nein, nicht schon wieder! Und ausgerechnet jetzt!" schießt es durch Ihren Kopf. Als Sie beim Hersteller anrufen, ist Ihr Ton nicht gerade freundlich, Ihre Emotionen sind hoch und auch noch geprägt von Ihren Erfahrungen mit der alten Firma. Doch diesmal läuft alles ganz anders ab: „Frau Meier, da verstehe ich Ihre Verärgerung! Ausgerechnet so knapp vor Ihrem Urlaub ist so etwas sehr unangenehm! Ich werde mich persönlich darum kümmern, dass Sie noch heute ein Ersatzgerät bekommen und unser Serviceteam zu Ihnen schicken." Gesagt, getan, die beiden Herren kommen zwei Stunden später und tauschen das defekte Gerät aus. Sie beseitigen auch noch die restliche Überschwemmung im Keller und entschuldigen sich mehrmals für die Unannehmlichkeiten. Die nette Dame vom Kundendienst ruft am nächsten Morgen noch einmal bei Ihnen an, fragt, ob für Sie alles in Ordnung ist und wünscht Ihnen auch noch einen schönen Urlaub …

Egal, ob nach 15 Jahren oder nach einigen Monaten – Fehler, Schadensfälle und andere Unannehmlichkeiten passieren einfach. Das gehört zum Alltag und wird nie ganz vermieden werden können. Den Unterschied macht jedoch aus, wie ein Unternehmen auf so einen Schadensfall reagiert. 15 Jahre treue Verlässlichkeit können so mit einem einzigen Telefonat wie weggewischt erscheinen.

Viele Unternehmen haben in der Zwischenzeit diesen wesentlichen Umstand erkannt. Es geht nicht nur darum, einen Kunden zu gewinnen, sondern auch darum, ihn im Falle einer „Panne" auch weiter als Kunden zu behalten. Genau das ist das Ziel eines professionellen Beschwerdemanagements.

Nicht nur der Umgang mit Beschwerden prägt die Beziehung zum Kunden. Viele Unternehmen haben daher die professionelle Gestaltung der Beziehung zum Kunden in das Zentrum Ihrer Betrachtung gestellt, sie zum Managementgrundsatz gemacht. Es geht um zufriedene Kunden, vom ersten zarten Annäherungsversuch über den ersten Kaufabschluss bis hin zur langjährigen Stammkundenbeziehung. Die eigene Gewinnmaximierung kommt dabei nicht zu kurz, denn es ist billiger, eine langfristige Kundenbeziehung zu pflegen, als ständig neue Kunden akquirieren zu müssen. Diese Unternehmensphilosophie trägt einen Namen: CRM – Customer Relationship Management! So werden eifrig alle Daten über die Kunden gesammelt, analysiert, ausgewertet und als Entscheidungsgrundlage für alle unternehmerischen Entscheidungen herangezogen. Geeignete Software unterstützt dabei. Der Datenumfang wächst so stetig und damit auch die Gefahr, das Erfassen von Zahlen Daten und Fakten zum Selbstzweck zu machen. Denn wer über all den schönen auszufüllenden Formularen den Kunden selbst vergisst, für den wird seine Datenbank zunehmend nur mehr zum Zahlenfriedhof. Der Kunde ist längst zur Konkurrenz abgewandert!

Uns geht es daher im vorliegenden Buch vor allem um den kommunikativen Umgang mit dem Kunden, um das Reagieren an vorderster Front und nicht so sehr um die Erfassung und Auswertung aller Beschwerdedaten. Wir wollen daher keinen umfassenden Beschwerdemanagementführer erstellen, uns geht es um die Kundenorientierung an der Basis. Wir stellen dabei die Wichtigkeit und Richtigkeit funktionierender CRM-Modelle nicht in Frage und sind auch der Meinung, dass der kommunikative Umgang mit Beschwerden ein Teilbereich dieser Gesamtsicht ist. Wir gehen daher auch überblicksmäßig auf die Definitionen, Grundlagen, Ziele von Beschwerdemanagement und CRM ein.

Der Fokus unseres Ratgebers bleibt beim professionellen Umgang jedes einzelnen Mitarbeiters mit dem Kunden, der sich beschwert, der dabei nicht immer leise ist, der fordert, laut wird – ob berechtigt oder unberechtigt. Sämtliche Beispiele haben wir selbst erlebt oder waren direkt betroffen. Wir betonen, dass wir diese Beispiele als Lehrinhalte für unsere Leser sehen und keiner Person oder Institution damit nahetreten oder Schaden zufügen wollen.

Ziel: das beschwerdefreie Unternehmen?

Beschwerden werden meist negativ bewertet. Selbst wenn im Unternehmen erkannt wurde, dass Beschwerden der Verbesserung des Produktes/der Dienstleistung dienen, so wird trotzdem in den Köpfen der Beteiligten der Trugschluss vorherrschen: „Wenn wir alle Beschwerden immer lückenlos professionell behandeln, werden unsere Kunden irgendwann zufrieden sein und nicht mehr reklamieren. Das muss unser Ziel sein!"

Wir streben eine möglichst hohe Kundenzufriedenheit an. Doch wer die Entwicklung dieser Kundenzufriedenheit in einer exponentiellen Zufriedenheitsfunktion darstellt, wird feststellen, dass sich der Zugewinn bei einer schon sehr hohen Zufriedenheit nur mit einem sehr hohen zusätzlichen Aufwand erzielen lässt. Der Grenzertrag ist in diesem Bereich somit für das Unternehmen nicht rentabel. Übersetzt bedeutet das so viel wie: Sind die Kunden schon hoch zufrieden, ist dieser Zustand für sie selbstverständlich und eine weitere Steigerung dieser Zufriedenheit wäre nur mit großem Aufwand, wie etwa teurem Zusatzservice, möglich. Eine hundertprozentige Kundenzufriedenheit ist in der Realität aus unserer Sicht so gut wie nie zu erreichen. Außerdem würde dieser Zustand auch einem totalen Stillstand gleichkommen. Ziel jedes Unternehmens sollte es sein, sich stetig und dynamisch weiterzuentwickeln. Beschwerden sind dazu der entscheidende Antreiber, sozusagen das Schmieröl. Sie sind also immer wünschenswert!

Um diese Denkweise zu verinnerlichen, müssten die Mitarbeiter sich von dem Gedanken lösen, dass Beschwerden stets einer negativen Bewertung ihrer persönlichen Leistung gleichkommen. Beschwerden sind vielmehr eine aktive Beteiligung der Kunden am Entwicklungsprozess.

„Wer mir schmeichelt, ist mein Feind, wer mich tadelt, ist mein Lehrer", sagt ein chinesisches Sprichwort. Machen Sie Ihre Kunden zu Ihren Lehrern und nicht zu Ihren Feinden!

1. Beschwerde- management und Kommunikation

Wenn wir nach Unternehmensleitbildern leben, laufen Beschwerdemanagement und die entsprechende Kommunikation meist positiv und erfolgreich ab.

Die Unternehmenskultur und das Leitbild als Basis

„Unsere Kunden und deren Bedürfnisse stehen im Zentrum unserer täglichen Arbeit."

„Kundenzufriedenheit ist unser wichtigstes Ziel. Kundenwünsche und -anliegen sind für uns konkrete Handlungsaufträge. Deshalb sind wir für unsere Kunden immer erreichbar. Die Kundenbeziehungen und die Kundenzufriedenheit wollen wir halten und stets weiter ausbauen."

„Die Zufriedenheit unserer Kunden ist unser wichtigstes Anliegen. Daher wollen wir kompetente und zuverlässige Partner für unsere Kunden sein und so den höchstmöglichen Kundennutzen erzielen."

„Unsere Kunden stehen im Mittelpunkt unseres fairen, zuverlässigen und partnerschaftlichen Handelns. Die Zufriedenheit unserer Kunden ist unser oberstes Ziel und wir orientieren uns ständig an deren Bedürfnissen."

„Wir finden für unsere Kunden die Lösungen für die Probleme von morgen."

„Unser Ziel ist eine langjährige Partnerschaft mit begeisterten und erfolgreichen Kunden."

Solche und ähnliche Sätze finden sich in vielen Unternehmensleitbildern, quer durch alle Branchen. Das klingt sehr überzeugend und ist durchaus verständlich, wenn man bedenkt, dass es letztendlich ja auch die Kunden sind, die die Gehälter bezahlen. Ähnlich überzeugend klingen aber auch die anderen Ziele, die sich Unternehmen in ihren Leitbildern setzen. Dabei geht es um die Mitarbeiter, die Beziehungen zu den Geschäftspartnern, die Wahrnehmung der gesellschaftlichen Verantwortung und – warum auch immer meist erst am Schluss angeführt – um das Erzielen angemessener wirtschaftlicher Erfolge. Besonders der Mitarbeiter erhält dabei einen besonderen Stellenwert:

„Unsere Mitarbeiter sind unser wichtigstes Kapital."

„Kompetente und motivierte Mitarbeiter sind der Schlüssel zum Erfolg."

„Die Zufriedenheit, Entwicklung und Anerkennung aller Mitarbeiter ist uns wichtig und soll auch laufend gefördert werden."

„Bei uns steht der zufriedene Mitarbeiter im Zentrum unserer unternehmerischen Entscheidungen."

„Nur mit engagierten und zufriedenen Mitarbeitern sind wir erfolgreich."

Auch diese Sätze klingen sehr schön und überzeugend. Doch der Konflikt ist vorprogrammiert: Das Erreichen der größtmöglichen Kundenzufriedenheit geht oft auf Kosten der Zufriedenheit der Mitarbeiter. Kommt es so zu einem Interessen- und Meinungskonflikt zwischen Kunden und Mitarbeiter, stellt sich für dessen Vorgesetzten die Frage: Soll ich dem Kunden recht geben und so den Mitarbeiter „zurückstellen"? Oder dem Mitarbeiter den Rücken stärken und so das Kundenziel „Kundenzufriedenheit" gefährden? Keine leichte Entscheidung, wenn man die hohen moralischen Ansprüche, die Unternehmensleitbilder ihren Mitarbeitern auferlegen, ernst nimmt. Konkrete Handlungsanweisungen enthalten sie meist nicht. Man gewinnt eher den Eindruck, dass sich da die Verfasser sehr große Mühe gegeben haben, sehr allgemein, sehr unverbindlich und sehr wohlklingend zu formulieren. Das Beschwerdemanagement wird daher selten in so einem Leitbild explizit erwähnt, geht es doch von einem Umstand aus, wo irgendetwas nicht optimal gelaufen ist. Ein sich beschwerender Kunde passt nicht in das Bild von Wohlklang und Harmonie. Genau da liegt auch das Problem von Leitbildern: Es ist nicht immer leicht, den schönen Worten auch konkrete Taten folgen zu lassen. So werden viele dieser hohen Grundsätze zu hohlen Worthülsen, die niemand wirklich ernst nimmt, weder der Kunde, noch der Mitarbeiter.

Sind also die schön formulierten Unternehmensleitbilder nicht einmal das Papier wert, auf das sie gedruckt wurden? Wäre es nicht wenigstens einfacher und energiesparender, man würde sie in einem Satz zusammenfassen?

„Wir werden alles für alle Beteiligten perfekt machen."

Wohl kein Unternehmen wird sein „Glaubensbekenntnis" auf diesen einen Satz reduzieren. Es ist letztendlich ja auch gut, wenn sich die Unternehmensverantwortlichen ausführlich Gedanken über die für sie verbindlichen Werte machen. Grundlegend wichtig ist es, Ziele zu formulieren und so den Rahmen für unternehmerisches Handeln abzustecken. Basis für den Erfolg ist es jedoch immer, ob die jeweiligen Entscheidungsträger auch nach diesen Werten leben. Ob es gelingt, sowohl für den Kunden als auch für die Mitarbeiter im Konfliktfall gerecht und partnerschaftlich zu entscheiden. Letztendlich geht es auch im das Setzen von Grenzen, um das klare Definieren der Handlungsspielräume. Nur so können Unternehmensleitbilder auch gelebt werden und als Grundlage gerade in Krisensituationen, wie die Kundenbeschwerde eine darstellt, für erfolgreiches Handeln dienen.

Grundlegende Begriffsklärungen

Bevor wir uns mit dem tatsächlichen Umgang mit Beschwerden befassen, möchten wir noch einige grundlegende Begriffe erklären. So wird meist in der Praxis zwischen den Begriffen Beschwerde und Reklamation nicht genau unterschieden, obwohl gerade diese Unterscheidung aus juristischer Sicht durchaus wichtig ist.

Beschwerde

Darunter versteht man alle konsumenteninitiierten Unzufriedenheitsäußerungen, die an eine Unternehmung oder eine Drittinstitution mit der Absicht gerichtet werden, auf ein kritikwürdiges Verhalten der Unternehmung aufmerksam zu machen und eine Änderung dieses Verhaltens oder eine Lösung des zugrunde liegenden Problems herbeizuführen, eine Wiedergutmachung für erlittene Beeinträchtigungen zu erreichen und/oder Zufriedenheit wieder herzustellen (Schöber, 1997, S. 16).

Beschwerden können sowohl in der Vorkauf-, der Kauf- als auch in der Nachkaufphase entstehen. Mit einer Beschwerde ist nicht immer auch automatisch eine juristische Forderung verbunden.

Reklamation

Reklamationen stellen eine Teilmenge der Beschwerden dar. Sie entstehen nur in der so genannten Nachkaufphase und sind daher diejenigen Beschwerden, bei denen Kunden nach dem Kauf Beanstandungen an Produkt oder Dienstleistung mit einer rechtlichen Forderung verbinden, die gegebenenfalls juristisch durchgesetzt werden kann (Strauss/Seidl, 2002, S. 48).

Beschwerdemanagement

Das Beschwerdemanagement umfasst die Planung, Durchführung und Kontrolle aller Maßnahmen, die ein Unternehmen im Zusammenhang mit Beschwerden ergreift (Wimmer, 1985, S. 233). Wie mit Beschwerden umgegangen wird, überlässt also das Unternehmen nicht einfach dem Zufall, sondern es plant genau, wie sie erfasst, dokumentiert, weitergeleitet, bearbeitet und ausgewertet werden.

Customer Relationship Management (CRM)

Unter Customer Relationship Management versteht man ein integriertes Führungs- und Organisationsprinzip, das alle Aktivitäten, Maßnahmen und Instrumente umfasst, die der Verbesserung der Kundenorientierung und

Kundenzufriedenheit dienen. Ziel dabei ist es, profitable Kundenbeziehungen aufzubauen, diese Beziehungen zu intensivieren und langfristig aufrechtzuerhalten (sinngemäß Stadelmann/Wolter/Troesch).

Einen wichtigen Teilbereich dabei stellt das Beschwerdemanagement dar.

Customer Buying Cycle

Dieses Modell gliedert die Beziehung eines Kunden zum Unternehmen in mehrere Phasen:

1. Anregungsphase: Der Kunde wird angeregt, zu kaufen
2. Evaluationsphase: Der Kunde vergleicht die Angebote und entscheidet
3. Kaufphase: Der Kunde schließt den Kaufvertrag ab
4. After-Sales-Phase: Der Kunde verwendet das Produkt

In jeder dieser Phasen kann eine Beschwerde auftreten!

Ziele und Aufgaben des Beschwerdemanagements

Die oberste Zielsetzung im Beschwerdemanagement lässt sich in drei Teilbereiche unterteilen:

1. Die Zufriedenheit der Kunden verbessern bzw. sichern
2. Betriebliche Schwachstellen im Sinne eines Qualitätsmanagements erkennen und beheben
3. Dadurch die Wettbewerbsfähigkeit eines Unternehmens erhalten und ausbauen

Aus diesen Oberzielen lassen sich eine Reihe von handlungsrelevanten Teilzielen ableiten. Die folgende Liste erhebt keinen Anspruch auf Vollständigkeit.

Teilziele:
- Die Dauer der Kundenbeziehung verlängern
- Kaufintensität und Kaufhäufigkeit erhöhen
- Gefährdete Kundenbeziehungen stabilisieren
- Verlust von Kunden verhindern
- Eine höhere Kundenbindung erreichen
- Erhöhen der Beschwerdezufriedenheit (entsteht, wenn die Erwartungen, die ein Kunde mit seiner Beschwerde verbindet, übertroffen werden)

- Zufriedene Kunden für positive Mundpropaganda nutzen
- Erkennen der Bedürfnisse der Kunden
- Vertrauensbasis zum Kunden erweitern
- Positives Image und Einstellungen bilden und verstärken
- Akquisitionskosten für die Neukundengewinnung reduzieren
- Gewährleistungskosten vermeiden
- Verhinderung von Rückhol- und Umtauschaktionen
- Produkt- und Dienstleistungsverbesserungen
- PR- und Rechtsanwaltskosten minimieren
- Informationsgewinnung über Schwachstellen, Risiken und Marktchancen (Trends)
- Schaffen eines Frühwarnsystems
- Zielerreichung im Rahmen von Total-Quality-Management (TQM)
- Steigerung der Beschwerderate zur Verminderung der Anzahl von „unvoiced complaints" (nicht vom Kunden geäußerte Beschwerden, die in seinem Bewusstsein aber sehr wohl vorhanden sind)

Um die oben erwähnten Ziele erreichen zu können, müssen eine Reihe von Aufgaben von allen betroffenen Mitarbeitern erfüllt werden:

1. **Kommunikationsmanagement:** Zunächst geht es um den Aufbau einer geeigneten Informationsinfrastruktur, um alle Daten und Fakten zu erfassen, zu bearbeiten und die Kommunikation nach innen und nach außen zu ermöglichen (Hardware, Software, Telefon, Fax, Brief, E-Mail, Internet, Blogs, Foren)
2. **Beschwerde-Definition:** Um Beschwerden systematisch erfassen und analysieren zu können, müssen sie in Kategorien und Gruppen geordnet, definiert und klassifiziert werden.
3. **Beschwerde-Stimulierung:** So seltsam es auch klingen mag, die nächste Teilaufgabe besteht darin, den Kunden so weit zu bringen, sich auch tatsächlich zu beschweren, wenn er mit der Leistung unzufrieden ist. Denn alles, was er dem Unternehmen gegenüber äußert, auf das kann reagiert werden.
4. **Beschwerde-Annahme:** Hier muss geklärt werden, wer für die Entgegennahme einer Kundenbeschwerde zuständig ist und wie in so einem Fall vorzugehen ist, welche Daten wo und wann weitergeleitet werden und wie dem Kunden gegenüber reagiert wird.

5. **Beschwerde-Erfassung:** Dabei geht es um eine möglichst lückenlose Erfassung aller Daten und Fakten in einem zentralen Datenpool. Nur, wenn alle Daten hier auch eingetragen werden, kann die Unternehmensführung realistische Rückschlüsse über die Prozesse des Beschwerdemanagements ziehen und entsprechende Maßnahmen setzen.

6. **Unmittelbare Beschwerdebearbeitung:** Zentrale Bedeutung in der Beschwerdebearbeitung hat die Art und Weise, wie eine Beschwerde erledigt wird. Der Beschwerdefall muss geprüft werden und nach einer für alle tragbaren bestmöglichen Lösung gesucht werden.

7. **Beschwerde-Reaktion:** Um professionell zu wirken, wird festgelegt, in welcher Form auf die Beschwerde reagiert werden soll. Hat sich zum Beispiel der Kunde brieflich beschwert, soll die Reaktion seitens des Unternehmens auch in schriftlicher Form erfolgen.

8. **Beschwerde-Nachbearbeitung:** Auch wenn die Beschwerde schon erledigt wurde, ist ein weiteres Einholen eines Feedbacks in bestimmten Fällen notwendige Aufgabe des Beschwerdemanagements.

9. **Beschwerdeauswertung:** Aus der Vielzahl der so erhaltenen Daten müssen nun die richtigen Rückschlüsse gezogen werden. Diese gewonnenen Erkenntnisse dienen als Grundlage unternehmens- und personalpolitischer Entscheidungen.

10. **Beschwerde-Schulungen:** Für die optimale Erfüllung der einzelnen Aufgaben ist gut geschultes und motiviertes Personal erforderlich. Mitarbeiter, die im Umgang mit dem sich beschwerenden Kunden sicher wirken, werden all diese Aufgaben auch erfüllen können.

An der Vielfalt der erforderlichen Aufgaben für ein erfolgreiches Beschwerdenmanagement wird deutlich, wie wichtig dieser Bereich für das gesamte Unternehmen ist. Eine Unzahl an Aktionen müssen gesetzt werden, jede Menge Informationen werden erfasst, kategorisiert, weitergeleitet und letztendlich ausgewertet. Was aber in der Theorie nach einem logischen Prozessablauf aussieht, ist in der Praxis mit einer Vielzahl von Emotionen verknüpft. Was nützen die besten Handbücher zur Beschwerdebearbeitung, wenn die Emotionen zwischen Kunden und Mitarbeiter derart in die Höhe schnellen, dass logisches Handeln und sachbezogene Lösungssuche nicht mehr möglich sind?

Außerdem empfinden viele Mitarbeiter einen Beschwerdefall in ihrem Bereich immer noch als eine Art persönlicher Misserfolg und es fällt ihnen

sehr schwer, die dazugehörigen Fakten zentral erfassbar und damit nachvollziehbar zu machen. So werden (vermeintlich) schnell erledigte Kundenbeschwerden oft nicht in ein CRM-System eingetragen, da viele Mitarbeiter diese Datenbanken auch als eine Art Kontrollinstrument über ihren Ar-
beitserfolg empfinden. Je weniger Beschwerden ich eingetragen habe, desto zufriedener waren meine Kunden, desto erfolgreicher war meine Arbeit.
Ein sehr leicht nachvollziehbarer Gedankengang, der in vielen Unternehmen die schönen, teuer installierten CRM-Systeme torpediert.

Wir wollen jedoch die Sinnhaftigkeit von CRM-Systemen und systema-
tischem Beschwerdemanagement keineswegs in Frage stellen. Solche Systeme tragen entscheidend zum Erfolg eines Unternehmens bei. Uns geht
es in diesem Buch vor allem um diese Mitarbeiter, um die Menschen „an
der Front", die im direkten kommunikativen Umgang mit dem Kunden über
Erfolg und Misserfolg solcher Systeme mitentscheiden.

Kommunikation und Beschwerdemanagement

Geht es um den einzelnen Mitarbeiter und seinen Beitrag zum professionellen Beschwerdemanagement, so steht dabei ein Thema im Mittelpunkt:
der richtige kommunikative Umgang mit dem Kunden. Daher wollen wir
uns zunächst mit den Grundlagen gelungener Kundenkommunikation auseinandersetzen.

Um die Grundmuster der menschlichen Kommunikation zu verdeutli-
chen, haben wir auf Basis des Kommunikationsquadrates nach Schulz von
Thun (Miteinander reden, Fragen und Antworten, 2007) unser Modell vom
Kommunikations-Geschenkspaket entwickelt.

Vom Einpacken und Auspacken – der kommunikati-
ve Kreislauf

Wir vergleichen jedes Gespräch mit dem Austauschen von Geschenkspa-
keten: Ein Sender „verpackt" eine Botschaft, überreicht sie einem Empfänger und dieser reagiert, indem er das Paket sorgfältig öffnet, hineinschaut
und dann wiederum seinerseits eine Botschaft in ein Paket verpackt und an
den Empfänger zurücksendet. Seine Reaktion kann aber auch ganz anders
aussehen: Er nimmt das Paket achtlos entgegen, schaut nicht hinein, weil er
ohnehin meint zu wissen, was sich darin befindet. Dann sendet er das Paket ungeöffnet wieder an den Absender zurück – doch auch diese Paket hat
einen klaren neuen Inhalt: „Kein Interesse!"

Wird so ein Kommunikationspaket von einem Empfänger achtlos zur Seite gelegt, findet der Kommunikationskreislauf ein jähes Ende. Das heißt jedoch noch lange nicht, dass der Inhalt verloren geht: So nimmt der Sender, der das letzte Paket versendet und darauf keine Reaktion erhalten hat, genau diesen Inhalt als Ausgangspunkt für einen neuen kommunikativen Kreislauf.

Wir wollen diesen Vorgang einmal anhand eines Beispieles verdeutlichen:

Beispiel

Ein Kunde kommt in ein neu eröffnetes Sportgeschäft. Der Verkäufer lächelt ihn freundlich an und begrüßt ihn (Begrüßungspaket). Der Kunde grüßt zurück (Retourpaket). Der Verkäufer fragt freundlich, ob er helfen könne. Der Kunde äußert seinen Wunsch nach Wanderschuhen. Der Verkäufer berät ihn, bringt einige Modelle, hilft bei der Anprobe, der Kunde fragt, probiert, äußert seine Eindrücke – viele „Kommunikationspakete" wechseln so den Besitzer. Alle sind einigermaßen ordnungsgemäß verpackt und werden auch wieder ausgepackt und beantwortet. Nach einiger Zeit wählt der Kunde ein Modell aus und fragt nach dem Preis. Der Verkäufer nennt den Preis, der wiederum dem Kunden etwas teuer erscheint. Da zieht der Verkäufer die Augenbrauen hoch und meint: „Na, wenn Sie einen guten Schuh wollen, dann hat das eben seinen Preis!" Dieses Paket wurde nicht mehr ganz so liebevoll verpackt, der Verkäufer möchte schnell zum Abschluss kommen. Der Kunde kauft letztendlich.

Eine Woche später kommt er wieder in den Laden und beklagt sich beim Verkäufer: Er war am Wochenende mit dem neuen Schuh wandern und dieser hat sich leider als ganz und gar nicht wasserdicht, so wie versprochen, herausgestellt. Außerdem drückt er am Knöchel. Der Kunde ist etwas ärgerlich und verpackt sein Kommunikationspaket dementsprechend etwas „greller". Der Verkäufer reagiert mit Unverständnis, Schuldzuweisungen und Unwillen. Wahrscheinlich habe der Kunde vergessen, den Schuh vor dem ersten Gebrauch ordnungsgemäß einzucremen und darüber hinaus wisse man ja, dass neue Schuhe nicht gleich auf einer stundenlangen Wanderung auszuprobieren seien. Er könne da leider überhaupt nichts machen. Dieses Kommunikationspaket ist definitiv nicht wohlwollend vom Kunden aufgenommen worden! Er stürmt wortlos aus dem Geschäft (Ende des Kommunikationskreislaufes mit dem Verkäufer) und macht seinem Ärger in seiner Wanderrunde Luft. Er erzählt jedem über seine schlechten Erfahrungen mit dem neuen Laden. So entstehen viele neue Kommunikationskreisläufe – sicher nicht zum Vorteil des neu eröffneten Sportgeschäfts!

Wir sehen also, bei der Kundenkommunikation kann viel schief laufen. Sie besteht ja auch nicht nur aus dem reinen Inhalt. Objektiv mag der Verkäufer mit seinen Argumenten zumindest teilweise Recht haben, doch die Art und Weise, wie er die Botschaft verpackt und überreicht hat, war in diesem Fall nicht gerade optimal.

Für die Kundenkommunikation gilt:

- Ein Kommunikationsvorgang besteht nicht nur aus dem Inhalt der Botschaft, sondern auch aus der Art und Weise, wie ich die Botschaft erhalte.
- Dazu gehören zunächst die akustischen Elemente:
  Welche Worte wählt der Sender, welcher Sprechweise bedient er sich? Spricht er belehrend, von oben herab, wie unser Sportartikelverkäufer? Oder spricht er ärgerlich und laut, wie unser Kunde beim zweiten Besuch?
- Und dann sind da noch die visuellen Elemente:
  Die ungeduldige Mimik des Verkäufers vor dem Verkaufsabschluss sagt mehr aus als seine an und für sich noch kundenfreundlich formulierten Sätze. Das hochrote Gesicht des Kunden, als er zum zweiten Mal in den Laden stürmt, verheißt ebenfalls nichts Gutes.

Sie sehen also, der Kommunikationsvorgang ist ziemlich vielschichtig und setzt sich aus mehreren Bestandteilen zusammen.

Die vier Bestandteile des Kommunikationspaketes (erläutert nach Schulz v. Thun)

1. Der Sachinhalt
   Der Sachverhalt ist der Ausgangspunkt des Kommunikationsvorganges, der eigentliche Anlass, um zu kommunizieren. Der Inhalt des Paketes wird sachlich und wertfrei betrachtet. Im Berufsleben geben wir meist vor, uns hauptsächlich auf diesen sachlichen Teil einer Kommunikationsbotschaft zu konzentrieren.
2. Die Beziehung
   Die beiden Kommunikationsteilnehmer stehen in einer mehr oder weniger engen und mehr oder weniger klaren Beziehung zueinander. Diese „Beziehungsebene" beeinflusst ihre Kommunikation entscheidend. Wenn wir ein Gespräch verfolgen, ohne genau auf den Inhalt zu achten, können wir am Gesichtsausdruck, an der Körperhaltung und am Ton-

fall einiges über die Beziehung der Sprechenden erkennen. Vielfach liegt auch die Ursache, warum jemand genau in diesem Augenblick mit genau diesen Worten etwas zum Partner sagt, in der Beziehung, die die beiden zueinander haben.

3. Die versteckten Aussagen

Unabhängig von dem, was der Sender sagt, gewährt er seinem Gegenüber tiefe Einblicke. Bewusst oder unbewusst verrät er eine Menge über sich selbst. Diese Selbstdarstellung erfolgt bei jeder Art der Kommunikation – egal, ob verbal oder nonverbal, ob am Telefon oder via E-Mail. Meist werden diese „versteckten Aussagen" unbewusst getroffen. Wer seinen Gesprächspartner genau beobachtet, erhält so eine Vielzahl von Informationen.

Woran Sie versteckte Aussagen erkennen können:

- an der Formulierung
- am Tonfall
- an der Wahl der Anrede
- an der sprachlichen Gewandtheit
- an der Mimik
- an der Wahl des Kommunikationsweges
- an der Körpersprache

Versteckte Aussagen drücken hauptsächlich Gefühle aus, zum Beispiel:

- Selbst- oder Unsicherheit
- Über- oder Unterlegenheit
- Unzufriedenheit oder Zufriedenheit
- Sympathie oder Abneigung
- Geduld oder Ungeduld
- Angst oder Freude

Gerade der Teil der versteckten Aussagen in unserem Paket birgt die meisten Schwierigkeiten der zwischenmenschlichen Kommunikation in sich. Wir nehmen diese versteckten Aussagen zwar meist im Unterbewusstsein wahr, doch sie dringen nicht bis in unser Bewusstsein. Dementsprechend sind wir zwar vage verunsichert, reagieren aber trotzdem vorrangig auf das tatsächlich Gesagte. Somit übersehen wir manchmal entscheidende Details oder Informationen. Je hektischer das Umfeld ist, umso mehr gehen uns diese wichtigen „Zusatzinformationen" verloren.

Tipp

Die „versteckten Aussagen" unseres Gesprächspartners verraten oft mehr über seine wahren Gefühle als seine Worte.

4. Die Zielsetzung

Jeder Sender verfolgt mit dem Absenden seiner Botschaft ein Ziel. Er will etwas bei seinem Gesprächspartner bewirken, er will Einfluss nehmen. Er richtet einen Appell an ihn. Dieser Aufruf zum Reagieren, zum Zurücksenden einer Botschaft kann mehr oder weniger deutlich ausgedrückt werden.

Ein neuer Kunde, der das erste Mal zu Ihnen ins Unternehmen kommt, sagt vielleicht nicht gerade heraus, was er von Ihnen will. Sie müssen seine „Botschaft" – zum Beispiel ein nervöses Auf- und Abgehen – schon interpretieren. Sein unausgesprochener Appell könnte lauten: „Tu doch endlich etwas, ich warte jetzt schon drei Minuten, ohne dass mich jemand beachtet!"

Wenn wir ein „Kommunikationspaket" auspacken, achten wir nicht nur auf den Inhalt. Wir haben eine ganze Reihe von „Hintergedanken". Nicht selten haben wir diese Hintergedanken zurecht, denn wir erhalten mit jedem Paket neben dem Inhalt noch eine ganze Reihe Zusatzinformationen mitgeliefert. Wenn wir lernen, diese Zusatzinformationen zu beachten und zu interpretieren, sind wir am besten Weg zum Kommunikationsprofi.

Und das ist schließlich eine der wichtigsten Grundlagen einer gelungenen Kundenbeziehung und besonders im Beschwerdefall von Bedeutung!

Kommunikation und Kundenorientierung

„Alles für unsere Kunden."
„Der Kunde ist König."
„Der Kunde ist unser Partner."
„Nur der Kunde sichert unseren Erfolg."
„Der Kunde steht im Mittelpunkt – und damit jedem im Weg!"

Das sind nur einige der Schlagworte, die jedem spontan in den Sinn kommen, wenn es um die derzeit viel zitierte Kundenorientierung geht. Doch was bedeutet dieses Wort im Zusammenhang mit Beschwerdemanagement? Ist Kundenorientierung einfach ein anderes Wort für eine bewusste Kundenkommunikation?

Die Markt- und Umweltbedingungen, denen sich Unternehmen heute gegenüber sehen, unterliegen einem immer schneller erfolgenden Wandel. Dabei sind einige Trends klar erkennbar:

- Die Produkt-Lebenszyklen werden immer kürzer – siehe das Schlagwort von der „Wegwerfgesellschaft": Nur ständiger Konsum sichert den Wohlstand.
- Die Situation am Markt unterliegt einer immer größeren Transparenz. Der Kunde kann immer besser vergleichen, welches Angebot derzeit am günstigsten ist.
- Die Globalisierung bewirkt eine immer breitere Öffnung der Märkte. Für den Kunden ist es kein Problem mehr, ein bestimmtes Produkt via Internet in Kanada zu bestellen, wenn das für ihn preislich interessant ist.
- Die Absatzkanäle werden vielfältiger. Besonders das Internet nimmt dabei einen immer höheren Stellenwert ein.
- Es gibt immer mehr Produkte, sie werden aber gleichzeitig auch austauschbarer. Dadurch wird es immer schwieriger, sich von der Konkurrenz abzuheben, eine Alleinstellung am Markt zu erreichen.
- Diese gesättigten Märkte führen zu einem immer schärferen Wettbewerb, der hauptsächlich auf Verdrängung beruht.
- All diese Faktoren erschweren und verteuern die Gewinnung von Neukunden.
- Außerdem sinkt die Kundenloyalität entscheidend. Die Hürde, den Hersteller oder die Marke zu wechseln, wird laufend niedriger. Kunden entscheiden sich immer schneller, das Unternehmen zu wechseln – ohne Ankündigung und ohne Angabe von Gründen.

Diese Entwicklungen haben in den Führungsetagen der Unternehmen zu der klaren Erkenntnis geführt, dass dauerhafte Wettbewerbsvorteile nur durch eine noch größere Kundenorientierung zu erreichen sind. Das betrifft nicht nur den Bereich Neukundengewinnung und das damit verbundene, ständig steigende Marketingbudget, sondern vor allem auch den Bereich Kundenbindung. Untersuchungen in unterschiedlichsten Branchen haben ergeben, dass es im Schnitt fünfmal billiger ist, einen bestehenden Kunden ans Unternehmen zu binden, als einen Neukunden zu gewinnen. Dementsprechend wurde die Kundenorientierung zur Grundlage aller unternehmerischen Entscheidungen, zur übergeordneten Unternehmensstrategie. Dementsprechend wird der Begriff auch definiert:

„Kundenorientierung ist die umfassende, kontinuierliche Ermittlung und Analyse der Kundenerwartungen sowie deren interne und externe Umsetzung in unternehmerische Leistungen sowie Interaktionen mit dem Ziel, langfristig stabile und ökonomisch vorteilhafte Kundenbeziehungen zu etablieren" (Bruhn, Kundenorientierung).

Es geht also um das Ermitteln der Kundenbedürfnisse, um die zentrale Frage: „Was will mein Kunde? Was bringt ihm den größtmöglichen Nutzen?" Damit werden möglichst viele Kundendaten erhoben und analysiert. Zielgruppen werden definiert und segmentiert. Doch die große Komplexität der tatsächlichen und potenziellen Kunden zu erfassen, erweist sich oft als schwierig und führt nicht immer zu den richtigen Schlussfolgerungen. Die Zielgruppeneinteilung aufgrund von erhobenen Daten erweist sich oft als zu starr. Nur deswegen, weil ein Kunde ein bestimmtes Produkt gekauft oder einen bestimmten Wunsch geäußert hat, heißt das nicht, dass seine Bedürfnisse, sein Nutzen immer konstant bleiben. Nur derjenige, dem es gelingt, sein Ohr dauerhaft an den tatsächlichen und immer schneller wechselnden Bedürfnissen seiner Kunden zu haben, wird unternehmerische Fehlentscheidungen vermeiden.

Womit wir wieder bei der zentralen Bedeutung richtiger Kommunikation mit dem Kunden wären: Nur wenn jeder Mitarbeiter, egal in welcher Funktion er Kontakt mit dem Kunden hat, diesem Kunden wirklich zuhört, sich in ihn hineindenkt, verfügt das Unternehmen letztendlich über die richtigen Informationen über seine Kunden als Entscheidungsgrundlage wichtiger unternehmerischer Entscheidungen. Eine der wesentlichsten Informationsquellen über genau diese wahren Kundenbedürfnisse stellt die Kundenbeschwerde dar. Der Kunde liefert in einer artikulierten Unzufriedenheit über Produkt, Dienstleistung oder Service mehr Anhaltspunkte über seine wahren Bedürfnisse als in jeder anderen Phase des Customer Buying Cycle. Er ist emotional und direkt. Er nimmt sich das berühmte Blatt vom Mund. Wer ihm jetzt zuhört, ihn beruhigt und weiter ans Unternehmen bindet, hat für das Unternehmen mehr geleistet als so mancher teure Berater. Erst, wenn dieses Bewusstsein in allen Ebenen eines Unternehmens verinnerlicht ist, kann Kundenorientierung wirklich gelebt werden.

Was sich der Kunde im Beschwerdefall erwartet

Grundvoraussetzung für Kundenorientierung ist das Wissen um die Bedürfnisse der Kunden. Kundenorientierung bedeutet somit auch, die Bedürfnisse der Kunden als Ausgangspunkt für das Schaffen eines Beschwerdemanagements zu sehen. Es geht also in erster Linie nicht um das Erheben von möglichst vielen Kundendaten zur weiteren internen Auswertung und Nutzung – das ist nur ein (allerdings sehr nützlicher) Nebeneffekt. Vielmehr geht es um das Erfüllen der Erwartungen des Kunden. Im Beschwerdefall muss ein Unternehmen diese Erwartungen sogar noch übertreffen, um weitere Kundenbindung zu gewährleisten: Das reine Erfüllen seiner Erwartungen ist für den sich beschwerenden Kunden das Mindestmaß.

Was erwartet sich nun der Kunde, der sich beschwert?

- **Er möchte seine Beschwerde rasch loswerden.** Hat er sich einmal zu einer Beschwerde durchgerungen, will er so schnell als möglich „Erleichterung". Wer dann erst mehrmals am Telefon weiterverbunden wird oder vor Ort in eine andere Abteilung, ein anderes Stockwerk etc. geschickt wird, der verdoppelt seinen Ärger und seine negativen Emotionen.
- **Er möchte wissen, wo er sich beschweren kann.** Wer erst lange suchen muss, wo er seine Beschwerde deponieren kann, erhält ebenfalls zusätzlichen „Stoff" für seinen Ärger. Oft fehlt zum Beispiel auf der ansonsten wunderbar gestalteten Internetseite genau der Link für Kunden-Feedback (siehe Kap. 7.1).
- **Er möchte ernst genommen werden.** Er möchte auf keinen Fall hören, dass „man sich so was nicht vorstellen könne und er der Erste sei, der so eine Beschwerde hätte". Er möchte auch nicht hören, dass das Ganze ja nur eine Kleinigkeit ist und es keinen Grund gibt, sich darüber groß aufzuregen.
- **Er möchte, dass sich sein Gesprächspartner Zeit nimmt.** Er will die volle Aufmerksamkeit, kein Gespräch schnell zwischen Tür und Angel. Er will keine Anzeichen von Ungeduld beim Mitarbeiter, er will in diesem Fall besonders die volle Zuwendung.

- **Als Stammkunde erwartet er sich eine bevorzugte Behandlung.** Wer schon länger mit einem Unternehmen Kontakt hat, erwartet sich auch eine bevorzugte Behandlung, wenn er einmal nicht zufrieden ist. Für viele Stammkunden ist gerade die Beschwerdesituation ein Gradmesser, wie in einem Unternehmen mit Stammkunden umgegangen wird.
- **Er möchte verstanden werden.** Er erwartet sich ein klärendes Gespräch, eine präzise Fragestellung seitens des Mitarbeiters. Er will das Gefühl bekommen, dass man sein Anliegen versteht und seine Beschwerde nachvollziehen kann.
- **Er möchte keine Schuld zugewiesen bekommen.** Wird der Kunde gleich einmal auf eine mögliche unsachgemäße Verwendung des Produkts oder eine mangelhafte Beachtung der Gebrauchsanweisung hingewiesen, steigt sein Ärger sofort überproportional.
- **Er möchte nicht bloßgestellt werden.** Auch wenn der Fehler tatsächlich auf Seiten des Kunden liegt, so will er das nicht – womöglich auch noch vor Zuhörern – einfach so gesagt bekommen.
- **Er erwartet Lösungen.** Wer sich beschwert, möchte keinen langen Erklärungen, warum es zu diesem Sachverhalt gekommen ist und wo die Schuldigen zu suchen sind. Er will eine rasche Lösung des Problems, ohne Wenn und Aber.
- **Er möchte einfache Lösungen.** Der Kunde wünscht sich eine Lösung, die für ihn möglichst bequem und mit keinem zusätzlichen Arbeitsaufwand verbunden ist.
- **Er erwartet mehr als nur die Behebung des Schadens.** Kunden wollen nicht nur das fehlerhafte Produkt ersetzt haben, sie wollen auch ihren Ärger und ihre zusätzliche aufgewendeten Energien (Beschwerdebrief schreiben, Weg zum Geschäft etc.) abgegolten haben. Eine zusätzliche Wiedergutmachung in Form eines Rabatts, eines Gutscheines oder eine anderen kleinen Aufmerksamkeit kann diese Erwartung erfüllen.
- **Er erwartet Vertraulichkeit.** Er möchte meist sein Anliegen nicht vor Publikum vortragen. Es trägt auch sicher nicht zu seiner Beruhigung bei, wenn er am Beginn eines Beschwerdegesprächs am Telefon gefragt wird, ob dieses Gespräch für „Schulungszwecke" aufgezeichnet werden darf.

- **Er möchte informiert werden.** Der Kunde erwartet sich keine kryptischen Andeutungen, wie es jetzt mit seiner Beschwerde weitergeht, er möchte klare Aussagen, was als Nächstes passiert, was er erwarten kann und welche Informationen er noch erhält.
- **Er erwartet Sicherheit.** Der Kunde möchte keine unsicheren Lösungen, er will mit dem Gefühl, die bestmögliche Variante erhalten zu haben, das Unternehmen wieder verlassen.
- **Er möchte Vertrauen.** Beim ursprünglichen Kauf hat der Kunde Vertrauen in das Unternehmen bewiesen. Jetzt möchte er dieses Vertrauen zurückgewinnen. Er ist sogar dazu bereit, dieses Vertrauen in das Unternehmen noch zu erhöhen, wenn seine Beschwerde zu seiner vollsten Zufriedenheit erledigt wird.
- **Er erwartet eine individuelle Behandlung seiner Beschwerde.** Konzentriert sich der Mitarbeiter, der die Beschwerde entgegennimmt, nur auf das Ausfüllen des jeweiligen Formulars in der betriebsinternen CRM-Software, kann es schon passieren, dass er dem Kunden auch sagt, in welche interne Kategorie seine Beschwerde eingereiht wird. Der Kunde hat aber keine „08/15"- Beschwerde, sondern er hat eine für ihn einzigartige Beschwerde!
- **Er möchte wiederkommen!** Ein Kunde, der sich beschwert, ist grundsätzlich an einem weiteren Fortbestehen der Kundenbeziehung interessiert. Er erhofft sich eine für ihn zufriedenstellende Lösung seines Problems, damit er sich *nicht* einen neuen Anbieter suchen muss. Es ist für ihn wesentlich einfacher, dem Unternehmen treu zu bleiben und nicht wieder neu evaluieren zu müssen!

Diese Aufzählung erhebt keinen Anspruch auf Vollständigkeit. Wir haben versucht, die häufigsten Motive und Wünsche eines Kunden, der sich beschwert, herauszugreifen. Grundsätzlich ist davon auszugehen, dass Kunden im Prinzip das Einvernehmen mit dem Unternehmen suchen und die Konfrontation nicht wirklich lieben. Und es gibt sie auch, die notorischen Beschwerer, die fiesen Nach-Rache-Sinner, die böswilligen Vergeltungstäter, die krankhaften Besserwisser und Sich-in-Szene-Setzer. Wir wollen im Kapitel 2 auch auf diese „harten Nüsse" und darauf, wie sie zu knacken sind, eingehen. Doch der Großteil der Kunden sind zunächst einfach Menschen wie du und ich, die ein Problem haben und dafür eine Lösung suchen. Erst, wenn diese Lösungssuche immer wieder an Grenzen stößt, wenn diese Kunden immer wieder auf Unverständnis, Schuldzuweisungen, Vertrösten und Verharmlosen Ihrer Anliegen stoßen, kann aus so einem „Normalkunden" ganz schnell eine „harte Nuss" werden.

Was der Mitarbeiter von einem guten Beschwerdemanagement hat

Die Umsetzung eines guten Beschwerdemanagements scheitert sehr oft an der inneren Einstellung der Mitarbeiter zu diesem Thema. Ein sich beschwerender Kunde ist für sie ein mühsamer Kunde, ein Ärgernis, ein Zeiträuber, der die Routine stört und ihre Kompetenz in Frage stellt. Das Bearbeiten einer Beschwerde wird als unproduktiv empfunden, hat es doch vordergründig nichts mit Verkauf und Umsatz zu tun. Und dann auch noch das lästige Ausfüllen von internen Beschwerdeformularen, ganz abgesehen von der Tatsache, in einer Beschwerdestatistik aufzuscheinen und so einen offensichtlich im eigenen Bereich entstandenen Fehler dokumentieren zu müssen. Da leitet man doch viel lieber positive Umsatzzahlen weiter.

Beschwerdemanagement funktioniert daher erst dann, wenn es gelingt, den Mitarbeitern den eigenen Vorteil aus der ganzen Sache zu verdeutlichen. Mitarbeiter, die einen Nutzen für sich erkennen, werden motiviert an diese Herausforderung herangehen. Folgende Vorteile ergeben sich für den Mitarbeiter, der die Herausforderung „Beschwerde annimmt:

- **Er lernt seine Kunden besser kennen.** Eine Kundenbeziehung wird erst dann wirklich gut, wenn sie nicht nur schönwettererprobt ist. Erst bei Problemen zeigt sich oft das wahre Gesicht. Das nächste Mal ist der Mitarbeiter vorbereitet und kann rechtzeitig reagieren, er wird nicht mehr auf dem falschen Fuß erwischt.
- **Er weiß, woran er ist.** Kunden, die ihre Zufriedenheit nur vortäuschen und sich hinterher woanders beschweren, sind nur vordergründig einfache Kunden. Äußert ein Kunde seinen Ärger, kann er darauf reagieren. Gegen Beschwerden am Stammtisch ist jeder Mitarbeiter machtlos.
- **Er erhält positives Feedback vom Kunden.** Ein Kunde, der sich beschwert, hat meist in erster Linie ein Problem, dass er gerne gelöst haben möchte. Wird ihm geholfen, äußert er oft genauso schnell seine Dankbarkeit, wie er vorher seinen Ärger artikuliert hat.

- **Er gewinnt Vertrauen beim Kunden.** Hat der Kunde einmal die Erfahrung gemacht, dass der Mitarbeiter auch bei Problemen ruhig, souverän und kompetent bleibt, fasst er Vertrauen und wird so zum Stammkunden. Wer einmal ein Problem gelöst und geholfen hat, der wird es wieder tun.
- **Er erhält einen neuen Blickwinkel.** Eine der häufigsten Berufskrankheiten ist die Betriebsblindheit. Abläufe, die immer gleich sind, werden von den Mitarbeitern nicht mehr in Frage gestellt. Erst wenn eine Beschwerde dazu zwingt, die Dinge in einem neuen Licht zu sehen, werden wichtige Impulse für Erneuerungsprozesse gesetzt.
- **Er steigert seine fachliche und soziale Kompetenz.** Erfolgreiche Beschwerdebehandlung gehört eindeutig zu den Herausforderungen und somit auch zu den höherqualifizierten Aufgaben. Wer diese Aufgabe bewältigt, hat somit auch einen entscheidenden Schritt zur eigenen Kompetenzerweiterung gesetzt – nicht nur in fachlicher, sondern auch in sozialer Hinsicht.
- **Er hat ein persönliches Erfolgserlebnis.** Gerader schwierige Situationen zu meistern, gehört zu den echten Erfolgserlebnissen im Berufsalltag. So eine Leistung motiviert viel mehr als ein ereignisloser, normaler Tag ohne Widerstände und Hürden.
- **Er erhält Anerkennung im Unternehmen.** Bei Kollegen und Vorgesetzten bleibt dieser persönliche Erfolg nicht unentdeckt. Auch sie zollen Anerkennung. Sollte dabei auch etwas Neid untergemischt sein, auch der will schließlich erst einmal verdient werden.
- **Er wird selbstsicherer.** Kundenorientiert kann nur derjenige Mitarbeiter agieren, der über eine ausreichende Basis an Selbstvertrauen verfügt. Gerade Erfolge und positives Feedback von Kunden, Kollegen und Vorgesetzten verstärkt das Selbstvertrauen. Man weiß, auch schwierigen Situationen gewachsen zu sein und dieses Wissen gibt Kraft und Sicherheit.
- **Er schafft die Basis für Folgekäufe und damit Umsatzsteigerung.** Der positive Nebeneffekt einer professionell und im Sinne des Kunden erledigten Beschwerde ist die Gewinnung von Stammkunden. Diese persönliche Bindung macht es einfacher, in Zukunft Verkaufsabschlüsse mit diesem Kunden zu tätigen. Wer über zahlreiche solcher Stammkunden verfügt, braucht sich um seine Umsatzzahlen weniger Sorgen zu machen.

- **Er verliert die Angst vor Beschwerden.** Das Beste zum Schluss: Wer einmal erfolgreich mit einer noch so schwierigen Beschwerde fertig geworden ist, für den haben Beschwerden generell viel von ihrem Schrecken verloren!

Wenn das nicht genügend Gründe für ein motiviertes Herangehen an Beschwerden sind!

2. Das Beschwerde- gespräch in der Praxis

Schon ein kleines Wort kann über Erfolg und Misserfolg im Beschwerdegespräch entscheiden.

Sechs nicht ganz ernst gemeinte Strategien im Umgang mit Beschwerden: oft verwendet – selten zugegeben – nie erfolgreich

Strategie 1: „Verstecken"

Beschwerdeführer sind schon an ihrer Nasenspitze zu erkennen. Nähert sich so ein lästiger Querulant, tauchen Sie am besten einfach ab. Es gibt immer irgendetwas Wichtiges im Lager zu erledigen, einen dringenden Weg zur Lohnbuchhaltung oder einfach nur ein wichtiges Telefonat. Ist der Fluchtweg versperrt, weil für den Kunden einsehbar, können Sie sich immer noch hinter einem Regal verstecken. Das kann ein durchaus lustiges Spiel werden, wenn der Kunde „mitmacht" und beginnt, die Suche aufzunehmen. Dabei gilt nur eine Regel: Sich ja nicht entdecken lassen! Und wenn doch, dann einfach „totstellen"!

Strategie 2: Alles abstreiten

Hat Sie der Kunde einmal in ein unangenehmes Gespräch verwickelt, hilft zunächst nur eines: Alles abstreiten! Dabei sind Sätze wie: „Das kann ich mir nicht vorstellen!", „Das kommt bei uns nie vor!" oder „Da müssen Sie sich irren!" sehr hilfreich. Wer immer wieder gnadenlos diese drei Sätze wiederholt, ist den lästigen Aggressor bald los. Der erkennt die Sinnlosigkeit seines Unterfangens und stürmt hinaus – zur Konkurrenz. Soll er doch! Wird Zeit, dass die sich mit ihm herumärgern!

Strategie 3: Auf der Suche nach dem „Schwarzen Peter"

Lässt sich der Beschwerdeführer nicht so leicht abschrecken, muss die Taktik umgestellt werden: Zeigen Sie sich plötzlich sehr verständnisvoll und kooperativ! Das ist ja wirklich unerhört, da muss ganz schnell ein Schuldiger gefunden werden! Wäre ja gelacht, wenn da nicht die junge Kollegin, der Lehrling oder der Kollege aus der anderen Abteilung herhalten könnte! Ist ja auch zu ärgerlich, wenn man mit lauter Idioten im eigenen Team zu tun hat! Der Kunde soll nur merken, dass wir hier nicht um den heißen Brei herumreden! Im Fall von der jungen Kollegin oder dem Lehrling macht es sich auch immer gut, wenn derjenige gleich vor dem Kunden sein Fett abkriegt. Bei Ihnen wird jeder Kunde gerächt, ohne Rücksicht auf Tränen und Unschuldsbeteuerungen!

Strategie 4: Der Kunde ist schuld!

Ist gerade kein Mitarbeiter als Sündenbock verfügbar, bleibt für diese Rolle immer noch der Kunde. „Haben Sie sich die Gebrauchsanweisung auch genau durchgelesen?" ist eine gute Gesprächseröffnung. „Dieses Produkt erfordert nämlich schon eine genaue und fachgerechte Bedienung." Da beginnt der Kunde sicher nachzudenken – es dämmert ihm langsam, dass die Schuld wohl nur bei ihm selbst liegen kann. „Hätten Sie halt vorher gefragt, dann hätte ich Ihnen schon alles genau erklärt!", wird ihn dann restlos überzeugen. Wenn Sie energisch und unnachgiebig auftreten, wird sich der Kunde möglicherweise auch noch entschuldigen, dass er Sie überhaupt belästigt hat. 1:0 für Sie!

Strategie 5: Möglichst rasch mit einer Standardlösung abfertigen

Gott sei Dank haben wir sie – die wunderbare Welt der standardisierten Lösungen! Wir können auf Basis unseres mühsam erhobenen Datenschatzes alle Bedürfnisse und Beschwerden unserer Kunden in Kategorien einteilen und haben für jeden Fall die kundenorientierte Lösung parat. Sofort, wenn wir die ersten „Keywords" vom Kunden hören, können wir diese Musterlösung per Mausklick aus unserem Computer holen. Sagt der Kunde zum Beispiel „Lieferfrist", spuckt der Computer gleich die richtige Strategie samt passenden Formulierungen aus. „Wenn diese Lieferfrist für Sie zu lang ist, müssen Sie ganz einfach bei Filiale X bestellen, die ist näher und damit auch in der Lieferung flotter!" So, da ist er aber jetzt verblüfft, unser guter Kunde, wie rasch wir reagieren können! Das ist gelebte Professionalität und Kundenorientierung! – Dumm nur, dass sich der Kunde in Wahrheit über die fehlende Angabe einer genauen Lieferfrist auf dem Bestellschein beschwert hat …

Strategie 6: Den Kunden zermürben

Diese Strategie wurde im Anschluss an ein „verkaufsförderndes Seminar" kreiert. Dem Kunden zuzuhören und ihn ernst zu nehmen, ist ja gut und schön. Doch lustig wird es erst dann, wenn man die ganze Sache gehörig übertreibt. So werden im Beschwerdefall sofort endlos viele Formulare herbeigeschafft, die mit dem Kunden auszufüllen sind. „Wann ist Ihnen Ihre Unzufriedenheit mit unserem Produkt zum ersten Mal aufgefallen? Wie haben Sie sich dabei gefühlt? Was hat Sie ursprünglich überhaupt dazu veranlasst, dieses Produkt zu kaufen? Würden Sie das Produkt nochmals kaufen, wenn es a) halb so teuer, b) gleich teuer, c) geschenkt wäre?" Dieses Fragespiel lässt sich endlos weiterführen. Verbunden mit der nötigen kundenorientierten Körpersprache, einem stets freundlichen Lächeln und dem immer wieder ins Spiel gebrachten Satz: „Ihre Beschwerde ist für uns heute unser größtes Geschenk!" wird auch die härteste Kundennuss geknackt.

Irgendwann fleht der Kunde nur mehr um Gnade: „Bitte vergessen Sie, dass ich mich beschweren wollte, vergessen Sie einfach, dass ich hier war!"

Schon die erste Momente entscheiden: Was Sie zu Beginn eines Beschwerdegesprächs beachten sollten

Beispiel

Herr K. besitzt eine Kundenkarte bei einem Transportunternehmen, die ihn berechtigt, zum halben Preis zu reisen. Nähert sich das Ende der Gültigkeit, wird der Kunde normalerweise verständigt und es wird eine automatische Verlängerung angeboten sowie bei Annahme der Verlängerung zugesendet. Aus irgendeinem Grund funktioniert dieser Vorgang bei Herrn K nicht – schon seit fünf Jahren nicht mehr, seit er umgezogen ist. Seltsam nur, dass seine Frau ihre Karte jedes Jahr anstandslos an dieselbe Adresse erhält. Als er sich wieder einmal bei einer Verkaufsstelle beschwert und mit wenig Hoffnung auf eine Veränderung den Sachverhalt schildert, fällt ihm der Mitarbeiter ins Wort: „Ja, wenn Sie eine andere Adresse haben, müssen Sie diese einfach angeben, nur dann erhalten Sie automatisch die Verlängerung!" Da platzt Herrn K. der Kragen: „Junger Mann, belehren Sie mich jetzt ja nicht in diesem Ton! Was glauben Sie denn, habe ich in den vergangenen fünf Jahren gemacht? Jedes Jahr das gleiche Spiel! Ich glaube eh nicht mehr daran, dass sich bei eurem Sauhaufen da etwas ändert! Aber ich bin es leid, dann auch noch für blöd verkauft zu werden, kaum dass ich den Mund aufmache! Wie ist ihr Name? Ich werde mich doch wieder einmal schriftlich bei Ihrem Oberboss beschweren!"

Ein gutes Beispiel dafür, wie wichtig der Einstieg in ein Beschwerdegespräch ist. Dieser Kunde war am Anfang nicht sehr emotional, er hatte eine eher niedere Erwartungshaltung und es wäre wohl leicht gewesen, ihn positiv zu überraschen – zum Beispiel mit einem Anruf in der Zentrale und einem persönlichen Klärungsversuch durch den Schaltermitarbeiter. Aber der Mitarbeiter hat gar nicht genau zugehört, hat vorschnell und dann auch noch besserwisserisch reagiert. Kein Wunder, dass der geplagte Kunde in diesem Moment emotional und heftig reagiert. Die schriftliche Beschwerde – und damit jede Menge Aufwand für das Unternehmen- wäre leicht zu verhindern gewesen, hätte der Mitarbeiter im ersten Moment richtig reagiert!

Steht ein ärgerlicher Kunde vor Ihnen, heißt es daher, schnell und vom ersten Moment an richtig zu handeln. Der Kunde will nicht gleich belehrt werden oder warten, nicht vertröstet oder irgendwo anders hingeschickt werden. Er will sofort die ungeteilte Aufmerksamkeit eines zuständigen und kompetenten Mitarbeiters. Wer dem ärgerlichen Kunden dieses Grundbedürfnis nicht erfüllt, läuft Gefahr, das Problem größer, vielleicht sogar unlösbar zu machen! Folgendes sollten Sie besonders am Anfang eines Beschwerdegesprächs beachten:

- **Reagieren Sie sofort.** Unterbrechen Sie nach Möglichkeit jede andere Tätigkeit.
- **Wenden Sie dem Kunden Ihre gesamte Aufmerksamkeit zu.** Ein Kunde, der sich gleich beschweren wird, will nicht „über die Schulter" angesprochen werden. Sollten Sie sitzen, stehen Sie umgehend auf.
- **Hören Sie genau zu.** Lassen Sie den Kunden ausreden und ziehen Sie keine vorschnellen Schlüsse. Erst, wenn der Kunde sein Anliegen geschildert hat, sollten Sie antworten.
- **Packen Sie „den Stier bei den Hörnern".** Geben Sie Ihrem spontanen Fluchtimpuls nicht nach. Es hat keinen Sinn, davonlaufen zu wollen. Das Problem wird dadurch nur größer. Gehen Sie lieber dem Kunden entgegen. So zeigen Sie keine Furcht und beweisen die nötige Selbstsicherheit, um mit jedem Problem fertig zu werden.
- **Zeigen Sie in erster Linie Interesse am Kunden.** Auch wenn Sie genau zu wissen glauben, was der Kunde Ihnen da gerade erklärt, lassen Sie trotzdem immer ihn formulieren und bewerten Sie das von ihm Gesagte nicht sofort nach Ihren Kriterien. Hören Sie ihm zunächst zu, ohne ihn zu unterbrechen. Konzentrieren Sie sich voll auf ihn.
- **Achten Sie auf eine offene Körpersprache!** Viele Signale in der Kommunikation werden nonverbal übertragen. Eine offene Haltung gegenüber dem ärgerlichen Kunden ist daher oft wichtiger als der genaue Inhalt der ersten Worte. Drehen Sie sich Ihrem Kunden ganz zu, achten sie darauf, dass Ihr Körper nicht durch Regale, Unterlagen, Aktenordner etc. verdeckt wird. Sprechen Sie nie über die Schulter oder halb weggedreht mit dem Kunden, das wirkt immer leicht ablehnend. Oft ist der Kunde ohnehin schon durch das Verkaufspult von Ihnen getrennt. Umso wichtiger ist es, ihm mit einem offenen Gesichtsausdruck, einem Lächeln und auf gleicher Höhe zu begegnen.

- **Formulieren Sie Ihre ersten Sätze einfach und verständlich.** Der ärgerliche Kunde ist voll damit beschäftigt, seine Beschwerde loszuwerden. Er ist nicht fähig, sich vollinhaltlich auf ein Gespräch zu konzentrieren. Komplizierte Botschaften nimmt er nicht wahr, Fakten dringen kaum zu ihm durch.
- **Keine Fremdwörter, „Fachchinesisch" und Abkürzungen!** In dieser ersten Gesprächsphase wirken Fachausdrücke, die dem Kunden nicht so geläufig sind, überheblich und abweisend. Der Kunde fühlt sich fast „oberlehrerhaft" in die Schranken gewiesen und missverstanden.
- **Keine verbalen Kapitulationen als Einstieg!** „Ich fürchte, ich bin nicht zuständig für Beschwerden." ist ein denkbar schlechter Anfang, Er beweist Unwillen, mangelndes Selbstvertrauen und ein schlechtes Einschätzen der Situation. Am Anfang ist jeder zuständig für einen verärgerten Kunden!

Nur wer keine Angst vor einer Beschwerde hat, wird positiv auf den Kunden zugehen und ihm so ein wenig den Wind aus den Segeln nehmen. Es geht aber auch nicht darum, den Kunden einzuschüchtern und ihn mundtot zu machen. Er wird sich sonst an anderer Stelle beschweren und sein Ärger wird nicht einfach verschwinden.

Tipp

Geben Sie Ihrem Kunden die Chance, seine Beschwerde sofort und unverzüglich loszuwerden!

Gesprächsstrategien für ein erfolgreiches Beschwerdegespräch

Im Kapitel 1 haben wir uns mit den Grundlagen der Kommunikation beschäftigt (siehe „Das Kommunikationspaket"). Doch das Wissen um die theoretischen Grundlagen allein hilft nur dann weiter, wenn daraus auch die richtigen Schlüsse für die Umsetzung gezogen werden. Nur wer die richtigen Strategien im Beschwerdegespräch anwendet, hat Erfolg und kann den aufgebrachten, „feindlichen" Kunden in einen „Freund" verwandeln. Wir wollen daher im Folgenden auf einige sehr konkrete Tipps und Strategien eingehen und Ihnen damit helfen, im Beschwerdegespräch zu bestehen.

Richtig formulieren

Professionelle Kommunikation zeigt sich sehr oft gerade im Detail. Der Ton macht dabei die Musik – das gilt ganz besonders für das Gespräch mit einem verärgerten Kunden. Achten Sie daher besonders auf Ihre Wortwahl. Schon ein falsches Wort kann das Gespräch sofort ins Negative kippen lassen. Das sollten Sie im Besonderen beachten:

- Sprechen Sie nicht hastig und übereilt.
- Machen Sie Sprechpausen.
- Achten Sie darauf, dass Ihre Stimme nicht zu laut wird.

Folgende Formulierungen sollen Ihnen als Beispiel in schwierigen Situationen dienen. Suchen Sie sich die zu Ihnen passenden Formulierungen heraus – denn was Sie sagen, muss auch echt klingen!

„Ich verstehe Ihre Verärgerung und …"
„Wir werden eine akzeptable Lösung finden."
„Ich kümmere mich persönlich darum."
„Ich danke für Ihren Hinweis."
„Ich bin für Sie telefonisch erreichbar."
„Gerne gebe ich Ihnen telefonisch Bescheid."
„Ich werde konkret diesen Punkt noch einmal genau für Sie prüfen."
„Das hat für Sie den Vorteil …"
„Da kann ich Sie gut verstehen …"
„Es tut mir leid, dass das gerade bei Ihnen passiert ist."
„Sie schätzen es sicher, wenn …"
„Ich danke Ihnen dafür, dass Sie uns Gelegenheit gegeben haben, die Sache in Ordnung zu bringen."
„Sie können sich darauf verlassen …"

Wie wichtig auch Kleinigkeiten in der Formulierung sind, beweist ein einziges Wort mit drei Buchstaben: *„Da kann ich Sie **nur** mit Herrn Notmann verbinden."*

So schnell wird aus einem Experten eine „Notlösung"!

Formulieren Sie aus Sicht des Beschwerdeführers!

Dem sich beschwerenden Kunden sind meist die internen Fakten und Fachausdrücke nicht vertraut. Er kennt weder Ihre Unternehmensabläufe noch spricht er Ihre „Fachsprache". Sie sollten Ihn daher nicht mit Ihrem durch Unverständlichkeit gekennzeichneten Fachwissen beeindrucken, sondern sich seinem Sprachgebrauch annähern.

Tipp

Sprechen Sie die Sprache Ihrer Kunden! So verstehen Sie sie am besten.

Formulieren Sie offen und neutral!

Besonders im Beschwerdegespräch sollten Sie möglichst keine Schlussfolgerungen vorwegnehmen! Werten Sie nicht schon im Vorfeld, auch wenn Sie bei den ersten Worten Ihres Kunden zu wissen meinen, worüber er sich da beschweren will und wo die Ursache liegt. Zeigen Sie dem Kunden lieber, dass Sie offen dafür sind, sich seine Situation und seine Wünsche genau schildern zu lassen. Zeigen Sie Bereitschaft und keine Angst oder Abwehr. Beweisen Sie dem Kunden, dass Sie auf seiner Seite stehen, mit ihm gemeinsam die Sache klären wollen.

Tipp

Vermeiden Sie das Entstehen von Fronten und machen Sie aus dem Feind einen Verbündeten.

Formulieren Sie positiv!

Hört der verärgerte Kunde gleich einmal ein *„Nein, das geht nicht. Da kann ich Ihnen nicht helfen."* oder Ähnliches, reagiert auch er mit spontaner Ablehnung und ist sicher nicht mehr kompromissbereit. Ständige Verneinungen wirken außerdem unsicher, ängstlich und pessimistisch. Sie verpassen sich damit sofort ein „Verteidiger-Image". Vermitteln Sie dem Gesprächspartner lieber ein positives Bild. Gute Beschwerdegespräche sind auf ein Ziel, eine Lösung ausgerichtet und nicht auf das „Einzementieren" von Fehler und Unzulänglichkeiten. Abwehr und Verneinungen schaffen ein negatives Gesprächsklima und bringen niemanden auch nur einen Schritt weiter. Doch gerade diese Form der Formulierung ist weit verbreitet. Meist bekommt ein Beschwerdeführer zuerst zu hören, was nicht geht, bevor eine Lösung angeboten wird:

„Nein, der zuständige Techniker ist heute nicht mehr im Haus, morgen sicher auch nicht, aber am Montag ist er eventuell wieder erreichbar!"

Besser ist der gleiche Inhalt anders verpackt:

„Gerne ruft Sie Herr Helfgern, unser verantwortlicher Techniker, am Montag zurück, da ist er ab 9:00 Uhr im Haus."

Wie dieses Beispiel zeigt, könnten wir uns viele negative Formulierungen einfach „ersparen", wenn wir gleich zur Lösung oder zu unserem Vorschlag kommen. Den verärgerten Kunden interessiert ja auch nicht, wann Herr Helfgern *nicht* im Haus ist – er will wissen, wann er ihn sprechen kann!

Tipp

Mit positiven Formulierungen beweisen Sie Souveränität und lenken schwierige Gespräche in eine konstruktive Richtung.

Formulieren Sie konkret!

Wer oft den Konjunktiv verwendet, erweckt beim anderen den Eindruck, er verstecke sich gerne hinter seinen Worten, er will sich nicht festlegen, weiß keine Lösung für den verärgerten Kunden. Er wirkt dadurch unsicher, inkompetent und der Kunde gewinnt den Eindruck, an den „Falschen" geraten zu sein. Konkrete und klare Aussagen vermitteln Sicherheit und Lösungsorientierung. Unklare Formulierungen machen es dem Beschwerdeführer leicht, sofort zu widersprechen, er gewinnt die Oberhand im Gespräch und er „treibt" so den anderen vor sich her.

„Ich könnte mir vorstellen, dass eventuell ein zuständiger Techniker in unserer anderen Filiale anzutreffen wäre, wo man Ihnen ja unter Umständen auch weiterhelfen könnte …"

Besser: *„In unserer Filiale Goethestrasse ist Herr Helfgern unser Experte für genau diese Frage. Ich werde ihn gleich anrufen und Sie mit Ihm verbinden."*

Tipp

Machen Sie klare Aussagen. So wirken Sie überzeugend und sicher.

Formulieren Sie aktiv!

Eine andere Form, sich hinter Worten zu „verstecken", ist es, häufig in der passiven Form zu sprechen. Das in vielen Arbeitsbereichen weit verbreitete typische „Amtsdeutsch" hinterlässt dabei eindeutige Spuren in unserer Kommunikation. Besonders in Situationen, in denen man sich unsicher fühlt, besteht die Tendenz, sich in diese Passiv-Formulierungen zu „flüchten".

„Da müsste erst überprüft werden, ob sich die entsprechenden Daten schon in der Datenbank befinden und ob die dort eventuell gefunden werden können …"

Besser: *„Ich werde die Daten aus unserer Datenbank gleich ermitteln und wir schauen uns alles gleich gemeinsam an."*

Tipp

Wenn Sie aktiv formulieren, versichern Sie glaubhaft, dem Kunden helfen zu wollen und nach einer gemeinsamen Lösung zu suchen.

Formulieren Sie den Nutzen des anderen!

Wechseln Sie die Seite! Wie sieht der Kunde die Situation? Wenn Sie die Sache aus seinem Blickwinkel sehen können, erkennen Sie auch den Nutzen, den der andere davon hat, wenn er sich von Ihren Lösungsvorschlägen zu seiner Beschwerde überzeugen lässt. Besonders der verärgerte Kunde will wissen, wo sein Vorteil, sein Nutzen liegt. Statt „Was habe ich davon?" muss es lauten: „Was hast du davon?"

> *„Für uns ist es einfacher, wenn wir den Artikel in die Zentrale schicken – die dort wissen schon, was zu tun ist."*

> Besser: *„In Ihrem Sinn ist es besser, wir senden den Artikel in unsere Zentrale, da haben Sie ihn schneller wieder repariert bei sich zu Hause."*

Tipp

Sagen Sie dem verärgerten Kunden, was er davon hat, wenn er auf Ihre Vorschläge eingeht. Er wird sich wesentlich kooperativer zeigen.

Keine verbalen Kapitulationen im Beschwerdegespräch!

Machen Sie besonders in schwierigen Gesprächssituationen Ihre Aussagen nicht kleiner. Das beweist für den Kunden Ihre Unsicherheit und der Kunde bekommt „Oberwasser". Er wird nahezu in die Rolle des Stärkeren gedrängt. Auch wenn es beim Beschwerdegespräch nie um Sieg oder Niederlage geht, ist es wichtig, sich nicht vorsätzlich ein typisches „Verlierer-Image" zu verpassen. Kompetenz und Überzeugungskraft werden so sicher nicht bewiesen! Allerdings meinen wir hier nicht all jene Entschuldigungen, bei denen es um ein tatsächliches Fehlverhalten geht, für das eine Entschuldigung jederzeit angebracht und erforderlich ist! Es geht hier vielmehr um das „Kleinmachen" eigener Aussagen:

> *„Ich weiß jetzt nicht, ob Ihnen das weiterhilft, aber ich meine eventuell! ..."*

> Besser: *„Ich schlage vor, ..."*

> *„Ich bin hier zwar nicht der Fachmann und erst seit Kurzem dabei, aber ..."*

> Besser: *„Ich werde mich gleich für Sie erkundigen."*

Tipp

Vermeiden Sie es, sich ständig für Ihre Äußerungen zu entschuldigen. Andernfalls laufen Sie Gefahr, im Gespräch „unterzugehen".

Vermeiden Sie unpersönliche Floskeln!

Besonders Mitarbeiter, die schon lange mit Beschwerden zu tun haben, laufen oft Gefahr, immer wieder zu den gleichen Formulierungen zu greifen. Was sich einmal bewährt hat, wird immer wieder eingesetzt. Doch der Kunde merkt, dass er da Standards vorgesetzt bekommt, die Antworten auf seine Beschwerde wirken „aalglatt" und unpersönlich. Konzentrieren Sie sich daher jedes Mal voll und ganz auf den Gesprächspartner – so werden Ihre Formulierungen automatisch persönlicher und der Kunde fühlt sich direkt angesprochen.

„Natürlich verstehen wir Ihre Verärgerung und werden jederzeit gerne bemüht sein, all Ihre Probleme zu lösen."

Besser: *„Ich verstehe Ihren Ärger. Schauen wir uns die Situation gemeinsam an."*

Aktiv Zuhören als Basis eines guten Beschwerdegespräches

Beispiel

Herr Hitzig ist eben erst im Kronenhof angekommen. Schon steht er wieder an der Rezeption und beschwert sich lautstark: „Das ist ja unerhört, der Safe in meinem Zimmer ist kaputt ...."

Die Rezeptionistin, die gerade dabei ist, mehrere Gäste gleichzeitig einzuchecken, ein Taxi für Gast X zu rufen und das ständig läutende Telefon zu bedienen, fällt ihm ins Wort: „Ich weiß, die Safes im zweiten Stock wurden alle ausgetauscht und bei dem neuen Safe müssen Sie einfach nur die Sternchentaste drücken, dann Ihren Code eingeben und dann nochmals die Sternchentaste drücken. Das ist alles – ganz einfach!"

Sie will sich schon wieder abwenden, doch das verhindert Herr Hitzig: „Moment mal, Fräulein! Das habe ich alles so gemacht, ich bin ja kein Idiot, ich kann lesen! Aber es geht trotzdem nicht! Sie hören mir ja gar nicht zu!"

Da seufzt die Rezeptionistin und übergibt die Angelegenheit an die Empfangschefin, die herbeigeeilt ist: „Der Herr hier hat offensichtlich ein Problem …"

„Was kann ich für Sie tun?"

„Also, es geht um den Safe. Ich habe alles so wie in der Gebrauchsanweisung getan, aber jedes Mal, nachdem ich die Sternchentaste zum Abschluss drücke, kommt so ein komischer Pfeifton. Da kann doch was nicht stimmen! Reparieren Sie das schnellstens, ich habe mich extra vor meiner Buchung erkundigt, ob das Zimmer über einen Safe verfügt, das ist mir sehr wichtig!"

„Da verstehe ich Ihre Verärgerung. Gehen wir das gemeinsam durch. Haben Sie den neuen Code bei geöffneter Safetür eingegeben?"

„Ähm, nein, warum?"

„Der Vorgang funktioniert nur bei offener Safetür. Da haben wir wohl die Ursache gefunden."

„Na, das ist alles? Und warum war Ihre Kollegin nicht fähig, mir diese einfache Auskunft zu geben?"

Ja warum wohl? Sie hat in der Hektik der Situation einfach auf das Wichtigste vergessen: Höre erst einmal zu, bevor du Lösungen anbietest!

Besonders in schwierigen Gesprächssituationen ist es wichtig, den Gesprächspartner nicht sofort mit Worten, Argumenten und Feststellungen zu „erdrücken". Der verärgerte Kunde möchte in erster Linie, dass man ihm zuhört und ihn ernst nimmt. Wer dieses Kundenbedürfnis nicht befriedigt, kann seine Formulierungen nicht auf den Punkt bringen. Der Kunde fühlt sich unverstanden und bleibt feindlich. Eine der wichtigsten und erfolgreichsten Strategien im Beschwerdegespräch ist es daher, dem Beschwerdeführer gut zuzuhören. Wir leben in einer lauten, von aggressiver Kommunikation geprägten Welt. Jeder meint, nur dann zu punkten, wenn er besonders viel und laut spricht. Da hebt sich derjenige umso positiver ab, der auch einmal den anderen zu Wort kommen lässt, der seine Qualitäten als guter Zuhörer beweist.

Wir wissen aus Erfahrung, dass es nicht immer leicht ist, die innere Bereitschaft zum Zuhören aufzubringen, ähnliche Gegenargumente herrschen manchmal vor:

- Sich beschwerende Kunden haben ein sicheres Gespür für richtiges Timing: Gerade dann, wenn es besonders hektisch zugeht, steht genau so ein Kunde vor uns. Da ruhig zu bleiben und erst einmal Zeit mit Zuhören zu „verschwenden", fällt schwer. Dabei wäre doch die Beschwerde sicher schnell gelöst, wenn man dem Kunden schnell sagen könnte, wie es weiter geht.
- Schon bei den ersten Worten ist klar, worauf der Kunde hinaus will. Da ist es doch einfacher, ihn gleich zu unterbrechen und mit einer Lösung zu konfrontieren.
- Langes Gerede macht die Sache auch nicht besser. Der Kunde kann sich ja auch nie so gut und fachlich korrekt ausdrücken wie ich als Mitarbeiter. Bevor ich ihn da nach Worten suchen lasse, formuliere lieber gleich ich für ihn!
- Wenn sich ein Kunde beschwert, fühle ich mich als Mitarbeiter gleich professionell gefordert. Ich muss Lösungen präsentieren und werde ja schließlich nicht dafür bezahlt, einfach nur zuzuhören.

Das sind zugegebenermaßen alles nachvollziehbare Argumente gegen das Zuhören. Doch leider gehen all dies Argumente am Grundbedürfnis des Kunden vorbei. Er möchte in erster Linie ernst genommen werden und das beweisen Sie ihm nur dadurch, dass Sie ihm unvoreingenommen zuhören. Nichts gibt ihm so sehr das Gefühl, Sie hätten alle Zeit der Welt nur für ihn. Bekommt der Kunde hingegen mit, dass Sie unter Zeitdruck stehen und das Gespräch so schnell wie möglich beenden wollen, besteht die Gefahr, dass er besonders hartnäckig und wenig kompromissbereit reagiert. Voreilige Schlussfolgerungen führen außerdem oft zu falschen Lösungsansätzen. Geben Sie sich daher nicht zufrieden mit dem, was Sie vom anderen erwarten oder glauben zu hören! Hören Sie darauf, was der Kunde wirklich sagt!

Tipp

Hören Sie wirklich zu, wenn der andere spricht, damit Sie klar erkennen, was dieser mitteilen will.

Kommen wir auf unser Eingangsbeispiel an der Hotelrezeption zurück. Die Rezeptionsmitarbeiterin hat im Anschluss Ihrer Chefin glaubhaft versichert, dem Gast ohnehin alles genau erklärt zu haben. „Der hat einfach die Bedienungsanleitung nicht gelesen und alles falsch gemacht! Dann wollte er mir nicht zuhören!" Wer hat da wem nicht zugehört? So unterschiedlich kann Wahrnehmung sein!

Wir haben in unseren Schulungen schon oft erlebt, dass bei einem Gespräch von drei oder mehreren Teilnehmern nachher jeder glaubt, etwas anderes gehört zu haben. Was ist nun wahr?

Tipp

Für den Gesprächspartner ist nicht das wahr, was Sie gesagt haben, sondern immer nur das, was er gehört und verstanden hat.

Wahrheit ist also sehr subjektiv! Das ist eine Tatsache, an der niemand vorbei kann. Besonders im Beschwerdegespräch ist es wichtig darauf zu achten, was beim anderen ankommt, was der Kunde wirklich verstanden hat. „Gut gemeint" ist da zu wenig. „Gut hinübergekommen" und „Richtig verstanden" stehen im Mittelpunkt. Ein erfolgreicher Umgang mit Beschwerden erfordert daher immer den Willen, der Wahrheit des Beschwerde-Gesprächspartners auf die Spur zu kommen!

Will ich zur Klärung der Beschwerdesituation die richtigen Argumente finden, will ich den Kunden überzeugen, ist es daher in meinem Interesse, zunächst richtig zuzuhören. Nur so kann ich auf seine Fragen und Probleme eingehen. Ein Argument überzeugt nicht einfach dadurch, dass es für sich genommen so schlagkräftig ist, sondern weil es den Kern dessen trifft, was der andere wirklich gemeint hat.

Ein Beispiel aus der Praxis, das uns in vor kurzem selbst widerfahren ist, soll diese Thematik veranschaulichen:

Beispiel

Ich habe in einem Seminarhotel übernachtet, als um 6:10 Uhr morgens die Reinigungskräfte dieses Hotels mit dem Staubsaugen auf den Gängen begonnen haben. Darüber hinaus wurden die Putzwagen geräuschvoll über den Steinboden gefahren. Selbstverständlich waren einige Kunden wach und haben bei den Zimmertüren ihren Unmut artikuliert. Die Reinigungskräfte haben seelenruhig weitergemacht.

Auf meine Anfrage beim Rezeptionisten, ob es einen besonderen Grund gibt, um sechs Uhr morgens die Hotel- und Seminarkunden aufzuwecken, habe ich die Antwort erhalten, dass sie vom Hotel nichts machen können, das ist eine Fremdfirma, die sich die Zeit so einteilt. Wie bitte? Mein Vertragspartner ist das Hotel, hier habe ich mein Zimmer gebucht – nicht mit der Fremdfirma, die das Hotel reinigt. Nein, er könne trotzdem nichts machen, sie wissen, dass das so ist, die Firma lässt sich jedoch nicht davon abbringen. Die meisten Kunden stört das sowieso nicht, er höre das nur selten.

Ich habe daraufhin den Beschwerdebogen des Hotels dementsprechend ausgefüllt und – genau, Sie haben es erraten – bis heute keine Antwort erhalten.

Hier ist eindeutig nicht auf den Kunden eingegangen worden – in der Vergangenheit nicht und auch nicht auf meine unmittelbare Bitte, den Lärm abzustellen. Das Hotelmanagement weiß von diesem Missstand, riskiert den Unmut und damit ein Nichtbuchen durch die Kunden in der Zukunft. Der Rezeptionist hat mir nicht zugehört bzw. nicht auf meinen unmittelbaren, nicht ausgesprochenen Wunsch geantwortet, dass ich als Hotelgast auf eine vernünftige und gängige Einhaltung der Ruhezeiten Anspruch habe. Er hat mir seine Probleme und die des Managements geschildert, was hier nicht das Thema war.

Ergänzend möchte ich noch dazufügen, dass mir und den anderen Seminarteilnehmern in den beiden folgenden Tagen plötzlich einige Unzulänglichkeiten aufgefallen sind, die wahrscheinlich ohne diesen unliebsamen Vorfall nicht augenscheinlich geworden wären. Und dass diese Firma ihre MitarbeiterInnen nicht mehr in diesem Seminarhotel einbucht, versteht sich von selbst.

Wie hätte der Rezeptionist aus Ihrer Sicht reagieren sollen? Ich als Betroffene bin davon überzeugt, dass er durch ein unmittelbares Eingehen auf mein Anliegen die Sache entschärft hätte, wenn er mir zugesichert hätte, den Missstand sofort danach zu klären bzw. abzustellen. Die Schuld bei der

Firma zu suchen, den das Hotel beauftragt hat, zu reinigen, ist zwar ein bequemer Weg, geht jedoch am Inhalt vorbei. Daher:

Tipp

Mit einer passenden Reaktion und einem guten Argument holen Sie den anderen dort ab, wo er gerade steht!

Das Problem des richtigen Zuhörens liegt jedoch nicht immer nur in der eigenen Wahrnehmung. Das Problem liegt vielmehr meist darin, dass nicht jeder das sagt, was er denkt. Wie soll ich hören, was der Kunde wirklich meint, wenn er nur emotionale Schimpftiraden von sich gibt? Oder wenn er seine Meinung gar nicht ausdrücken kann, weil er scheinbar nicht weiß, was er will? Hier wird deutlich, wie kompliziert unsere Kommunikation abläuft.

Je komplexer unsere Gesellschaft geworden ist, umso eher haben wir verlernt, unsere Gefühle und Gedanken klar auszudrücken. Das Misstrauen der Kunden und vor allem die Befürchtung, missverstanden zu werden, verleiten sie zu den eigenartigsten Äußerungen. Sie verhalten sich taktisch. Sie meinen, mit einem Scheinargument bessere Karten im Kampf um Gerechtigkeit, um ein Durchsetzen ihrer Forderungen zu haben. Wie soll der arme Mitarbeiter da schlichten, wenn er den wahren Grund der Beschwerde nicht kennt?

Richtig zuhören heißt, auch „zwischen den Zeilen" zu lesen. Nicht nur der eigene persönliche Filter muss dabei umgangen werden, sondern auch der des anderen. Wir kommen dieser Wahrheit aber nicht durch Eigeninterpretation des Gesagten auf die Spur, sondern allein durch aktives Zuhören!

Was Sie beim aktiven Zuhören im Beschwerdegespräch beachten sollten

1. **Konzentrieren Sie sich voll auf das Gespräch.** Lassen Sie sich nicht durch die Umgebung ablenken. Wer gleichzeitig versucht, auch andere Kunden zu bedienen, den neuen Mitarbeiter einzuschulen oder eingehende Mails auf seinem Bildschirm zu checken, kann nicht richtig zuhören. Vor allem merkt der ohnehin schon ärgerliche Kunde die mangelnde Auf-

merksamkeit, deutet sie als Ablehnung oder Desinteresse und reagiert mit noch mehr Verärgerung. Ein klares Zeichen der Zuwendung ist der direkte Blickkontakt und eine offene, dem Kunden zugewandte Haltung.

2. **Setzen Sie die Brille des Kunden auf.** Versuchen Sie, die Dinge mit seinen Augen zu sehen. Nur, wer sich in den anderen hineinversetzt, kann ihn auch verstehen. Dieses Verhalten verlangt einiges Training. Üben Sie es – wie ist es Ihnen ergangen, als Sie sich das letzte Mal beschwert haben? Je öfter Sie dieses Hineinschlüpfen in die Rolle des anderen üben, desto besser und vor allem selbstverständlicher wird es Ihnen gelingen.

3. **Fragen Sie bei Unklarheiten sofort nach.** Ihr Kunde merkt dadurch, dass Ihr Interesse echt ist und Sie wirklich zuhören. Wenn sich einmal eine falsche Schlussfolgerung in Ihrem Kopf festgesetzt hat, ist es schwer, wieder davon loszukommen. Missverständnisse entstehen gerade durch Kleinigkeiten. Auch scheinbar unwichtige Details werden im Zusammenhang wichtig. Richtiges Verständnis entsteht auch durch kleine Schritte.

4. **Signalisieren Sie Ihre Empfangsbereitschaft auch durch Ihr Verhalten.** Kleine Gesten, wie etwa ein zustimmendes Kopfnicken, zeigen, dass Sie zuhören. Sie ermuntern den anderen, weiterzureden. Denn aktives Zuhören bedeutet nicht, den anderen teilnahmslos reden zu lassen, sondern ihn durch aktives Verhalten zum Sprechen zu ermuntern, auch wenn es gerade bei einer Beschwerde schwer fällt! Das gelingt umso besser, je mehr Sie die gleiche Wellenlänge finden. Beobachten Sie gelegentlich zwei Menschen, die miteinander reden. Woran erkennen Sie, dass sie in ein intensives Gespräch verwickelt sind? Sie werden feststellen, dass beide oft eine sehr ähnliche Körperhaltung einnehmen. Legt der eine den Kopf leicht zur Seite, tut dies der andere unbewusst auch. Verschränkt einer die Arme, tut dies der andere auch. Das gleiche Verhalten praktiziert aber auch ein Arzt, der, wenn er mit einem Kind spricht, in die Knie geht, um die gleiche Sprechhöhe, die gleiche Wellenlänge zu haben. Dieses Verhalten wird in der Fachsprache „Spiegeln" genannt – Spiegeln der Körpersprache, aber auch der Art, zu sprechen. Der Tonfall, die Sprechgeschwindigkeit und die Sprechweise werden dem anderen meist angepasst. Wobei das jedoch nicht übertrieben werden sollte. Oft können wir beobachten, wie jemand mit einem alten Menschen besonders laut und langsam spricht, unabhängig davon, ob die-

ser auch wirklich schwerhörig ist – oder jemand versucht, den Dialekt des anderen nachzuahmen. Dieses Verhalten bezeichnen wir als unsensibel, da es beim anderen den Eindruck erweckt, sich über ihn lustig machen zu wollen – ein fataler Fehler im Beschwerdegespräch! Spiegeln heißt also nicht nachmachen, sondern mit Feingefühl die richtige Wellenlänge herzustellen. Spricht der andere zum Beispiel im Dialekt, sollte man selbst eben auch etwas „umgangssprachlicher" reden, allerdings in der eigenen Mundart!

5. **Wiederholen Sie schwierig Verständliches noch einmal in eigenen Worten.** Gehen Sie sicher, den anderen auch wirklich richtig verstanden zu haben. Etwa mit den Worten: „Sie meinen also, dass ..." So animieren Sie ihn, seine Ansicht noch einmal darzulegen. Er wird kaum die gleichen Worte wählen und Sie bekommen damit weitere Hinweise, um ihn besser zu verstehen. Hat jemand zum Beispiel seine erste Aussage nicht ganz so ernst gemeint, schwächt er den Inhalt meist bei der Wiederholung etwas ab. Ist er jedoch felsenfest davon überzeugt, wird er es beim zweiten Mal bestätigen. Auf jeden Fall fühlt er sich ernst genommen, da Sie mit Ihrem Feedback dokumentieren, dass Sie genau zuhören und vor allem auch mitdenken.

6. **Lassen Sie den anderen aussprechen.** Nur, wer sich eine Frage auch bis zum Schluss anhört, kann sie wirklich beantworten. Viele Gespräche verlaufen unproduktiv, weil das Ende einer Frage nicht abgewartet wird. Wir antworten meist auf das, von dem wir glauben, dass es der andere fragen wollte. Das stimmt nicht immer mit dem überein, was der andere wirklich hören will. Außerdem gewinnen Sie Zeit, wenn Sie warten, bis der andere es ausgesprochen hat. Sie können sich in Ruhe überlegen, was Sie antworten. Wir empfehlen Ihnen dazu, die Brille des anderen aufzusetzen!

7. **Rücken Sie die eigenen Emotionen zunächst in den Hintergrund.** Niemand nimmt gerne verbale Angriffe eines anderen entgegen. Meist argumentieren verärgerte Kunden auch sehr persönlich, zuweilen auch beleidigend. Starke eigene Emotionen blockieren daher die Aufnahme dessen, was Ihr Kunde sagt beziehungsweise wirklich meint. Je besser es Ihnen also gelingt, sachlich zu bleiben, desto besser können Sie zuhören. Und je mehr Sie sich auf den anderen und das, was er sagt, konzentrieren, desto eher können Sie Ihre eigenen Emotionen ausblenden und desto ruhiger werden Sie. Zwei Fliegen mit einem Schlag ...

8. **Unterbrechen Sie den ärgerlichen Kunden möglichst nicht.** Schon gar nicht zu Beginn eines Beschwerdegesprächs! Das nimmt ein ärgerlicher Gesprächspartner besonders übel. Auch, wenn Sie sofort erkennen, dass Sie in diesem speziellen Fall dem Kunden nicht weiterhelfen können, signalisieren Sie trotzdem die uneingeschränkte Bereitschaft zuzuhören. Vielleicht können Sie ja doch etwas für diesen Kunden tun, und wenn Sie ihn nur an die richtige Stelle im Unternehmen weiterleiten. Wird der Kunde in seinen Ausführungen zu genau und erkennen Sie immer deutlicher, dass er an einer anderen Stelle die gleichen Beschreibungen des Sachverhaltes wiederholen müsste, ist es im Sinne des Kunden manchmal durchaus angebracht, ihn doch zu unterbrechen. Sonst wirft er ihnen noch vor, sie hätten ihm doch auch gleich sagen können, dass er bei ihnen „falsch" ist. Dabei ist viel Fingerspitzengefühl gefragt. Sprechen Sie den Kunden in diesem Fall nach Möglichkeit mit seinem Namen an und nennen Sie ihm gleichzeitig einen Nutzen für die Unterbrechung:

   „Herr Meier, ich möchte Ihnen ersparen, dass Sie alles zweimal schildern müssen. In Ihrem Sinne schlage ich vor, ich begleite Sie zu Frau Müller, unserer Expertin für …"

9. **Vermeiden Sie Verteidigungsmonologe.** Je mehr Sie reden, desto mehr bekommt der Kunden den Eindruck, sie wollen ihn nicht zu Wort kommen lassen oder hätten etwas zu verbergen. Er wird misstrauisch, hört nicht mehr so genau hin, was Sie ihm zu sagen haben.

10. **Achten Sie von Anfang an auf das Feedback des Kunden.** Es gibt Ihnen Auskunft darüber, wie Ihre Argumente ankommen. Feedback kann in vielen Formen erfolgen: ein zustimmendes Nicken, ein angedeutetes Lächeln, ein gedehntes „Ahaa", oder ein kurzes Abschwenken des Blickes liefern die Anhaltspunkte. Aktiv Zuhören bedeutet, auch diese kleinen Zeichen der Zustimmung oder Ablehnung wahrzunehmen. Sein Sie dankbar für Feedback, auch wenn es sich in offener Kritik äußert. Sie wissen, woran Sie sind. Besser, Sie können sofort auf Kritik eingehen, als der andere zeigt Ihnen mit keiner Regung seine wahre Einstellung Ihnen gegenüber und lässt seinem Unmut erst im Nachhinein, zum Beispiel in einem „saftigen" Beschwerdebrief an allerhöchste Stelle, freien Lauf.

Aktives Zuhören ist wesentlich einfacher, als es erscheinen mag. Wer sich bewusst auf den andern einstellt und durch seine positive Grundhaltung ein angenehmes Gesprächsklima – trotz unangenehmer Ausgangssituation – schafft, bekommt auch schwierige Beschwerdegespräche leichter in den Griff!

Die richtigen Fragen für das Beschwerdegespräch

Beispiel

Ein Gespräch am Montagmorgen in einem Elektroladen:

„Ihre Kopfhörer sind unbrauchbar!"

„Das kann ich mir so nicht vorstellen."

„Wenn ich es aber sage! Da hört man ja keinen einzigen Ton klar!"

„Da haben Sie sicher irgendwas in der Gebrauchsanweisung nicht genau gelesen!"

„Und ob ich das habe!"

„Da steht aber alle ganz genau drin!"

„Das ist ja eine Zumutung, wenn man erst einmal ein halbes Buch lesen muss, bis ein Ton aus dem Ding kommt!"

„Dann haben Sie sicher den Dämpfschutz nicht entfernt und so den Kopfhörer einfach falsch aufgesetzt."

„Also hören Sie, ich bin ja nicht dumm! Sie werden mir doch zutrauen, einen einfachen Kopfhörer aufzusetzen! Ich verbitte mir solche Unterstellungen! Wenn Sie Ihre Kunden alle für blöd verkaufen, werden Sie Ihren Laden bald zusperren müssen!"

Ein weiteres Gespräch in einem Elektroladen, ebenso am Montagmorgen:

„Ihre Kopfhörer sind unbrauchbar!"

„Welches Modell haben Sie bei uns gekauft?"

„Da, diesen SMC MX100!"

„Was ist genau passiert?"

„Ich habe diesen Kopfhörer von meiner Enkeltochter geschenkt bekommen und wollte ihn gestern bei meiner Lieblingssendung gleich ausprobieren und habe nur dumpfe Töne gehört!"

„Da kann ich Ihre Enttäuschung nachempfinden. Haben Sie die Hinweise vor der ersten Inbetriebnahme gesehen?"

„Ja, schon, aber da steht ja so endlos viel. Das sind ja nicht meine ersten Kopfhörer, ich werde ja in meinem Alter langsam wohl wissen, wie Kopfhörer funktionieren!"

„Ich gebe zu, dass die Bedienungsanleitung sehr ausführlich ist. Haben Sie den ersten Teil über die Dämpfschutzeinrichtung gesehen?"

„Ja, das habe ich irgendwo gelesen …"

„Darf ich Ihnen zeigen, wie dieser Schutz entfernt wird?"

„Ja, bitte …"

„So, hier diese beiden gelben Schaumstoffteile müssen entfernt werden. Hier können Sie sie auch wieder einsetzen. Möchten Sie einmal selbst probieren?"

„Ja, aha! Das geht ja eh ganz einfach."

„Wollen Sie einmal bei uns Probehören, um sich zu überzeugen, dass jetzt auch wirklich alles funktioniert?"

„Ja, gerne, sehr aufmerksam."

„Ich wünsche Ihnen noch viel Freude mit Ihren neuen Kopfhörern."

So einfach kann es gehen, einen ärgerlichen Kunden zu einem zufriedenen zu machen. Oder einen Hilfe suchenden Kunden zu einem wirklich ärgerlichen. Es liegt ganz in Ihrer Hand. Welchen Trick hat der Verkäufer im 2. Fall angewandt? Er hat sich all seine Vorwürfe, Anschuldigungen und Besserwissereien verkniffen und stattdessen gefragt. So hat er den Kunden und seine Meinung in den Mittelpunkt gestellt. Der hat sich ernst genommen und verstanden gefühlt. Der Verkäufer hat ihn durch Fragen zum gleichen Ergebnis gebracht wie im ersten Gespräch. Allerdings hat der Kunde auf Grund der behutsamen Fragestellungen die Ursache für das Nichtfunktionieren wie von selbst gefunden und war nicht verärgert. Vielleicht hat dieses zweite Gespräche etwas länger gedauert – der Ausgang war aber sicher für alle Beteiligten ein wesentlich erfreulicherer.

Tipp

So einfach kann ein Beschwerdegespräch ablaufen, wenn Sie diese wichtige Regel beachten: Wer fragt, der führt!

Doch gerade im Beschwerdegespräch fühlen sich viele Mitarbeiter besonders verpflichtet, den „Starken", den „Allwissenden" zu spielen. Ganz unter dem Motto: „Nur ja keine Schwäche und keine Unsicherheit aufkommen lassen!" So begeben sie sich freiwillig in die schwächere Position, in die Position des Verteidigers. Wer stattdessen den Kunden zum Sprechen bringt, ihn bewusst agieren lässt, der hat die Führung über das Gespräch und kann es so ganz unmerklich in die von ihm gewünschten Bahnen lenken.

Fragen sind somit eines der wichtigsten Instrumente der Beschwerde-Gesprächsführung. Sie dienen dabei nicht nur dem reinen Informationsaustausch, sondern haben noch viele andere Einsatzmöglichkeiten:

- Fragen sind Instrumente des „Aktiven Zuhörens".
- Fragen bringen auch ein zunächst feindseliges Gespräch in Gang.
- Fragen lockern eine angespannte Atmosphäre im Beschwerdefall auf.
- Fragen stellen den Beschwerdeführer und sein Anliegen in den Mittelpunkt.
- Fragen motivieren ihn, weiterzusprechen, auch wenn er ursprünglich gar nicht so viel sagen wollte.
- Fragen helfen Ihnen, wertvolle Zeit zu gewinnen, um sich die weitere Vorgangsweise zu überlegen.
- Fragen zwingen den anderen zur Stellungnahme, zur klaren Äußerung, worum es ihm genau geht.
- Fragen können Kritik und Aggression entschärfen.
- Fragen lenken das Gespräch in die gewünschte Richtung.

Vor allem der letzte Punkt ist der entscheidende: Mit den richtigen Fragen können Sie ein Gespräch leiten und lenken. Das „Raffinierte" dabei ist, dass es der andere nicht als unangenehm empfindet. Mit Ihren Fragen stellen Sie ihn in den Mittelpunkt, fragen ihn nach seiner Meinung und vermitteln ihm so das Gefühl, selbst die Steuerung des Gesprächs zu haben – allerdings nur dann, wenn es nicht zu viele Fragen sind und das Gespräch keinen Verhörcharakter hat.

Es gibt viele verschiedene Arten von Fragen. Gesprächsprofis können durch den richtigen und gezielten Einsatz von Fragen ein Gespräch von Anfang an bewusst führen. Der Grundsatz, es gäbe keinen „dummen" Fragen, sondern nur „dumme" Antworten, ist somit widerlegt! Es gibt sehr wohl „dumme", weil unpassende Fragen!

Wir haben für Sie eine Übersicht über die wichtigsten Fragen und deren Einsatz im Beschwerdegespräch zusammengestellt.

1. **Die offene Frage**

   Eine offene Frage wird so formuliert, dass die korrekte Antwort mit einem ganzen Satz erfolgen kann. Sie beginnt meist mit einem Fragewort. Man bezeichnet sie deswegen als offene Frage, weil sie eine Vielzahl von Antworten offen lässt. Das Thema ist weit gefasst. Antwortet der Gesprächspartner trotzdem nur kurz angebunden, stellen Sie am besten noch eine offene Frage, notfalls noch eine dritte. In der Kommunikationsfachsprache wird das eine **„Fragekette"** genannt. Mehrere offene Fragen hintereinander zwingen den Gesprächspartner geradezu, sich verbal zu öffnen.

   Einsatz im Beschwerdegespräch:

   Besonders in der ersten Phase des Gespräches ist es wichtig, den Kunden dazu zu bringen, möglichst viel selbst zu sprechen. So lässt er „Dampf" ab, kann sich seine Emotionen und seinen Frust von der Seele reden. Er wird dadurch ruhiger, sachlicher und Sie erhalten die für Ihre weitere Vorgangsweise notwendigen Informationen.

   Beispiele:

   „Wie hat sich diese Störung gezeigt?"

   „Was meinen Sie mit langer Anlaufzeit?"

   „Was sind Ihre Haupteinsatzbereiche für dieses Gerät?"

2. **Die Feedback-Frage**

   Bei dieser Frageform wiederholen Sie in der Formulierung der Frage die Aussage des Kunden und erfragen so, ob Sie ihn richtig verstanden haben. Sie zwingen ihn in einer Art „rhetorischer Schleife" dazu, seine Aussage noch einmal zu wiederholen. Das mag zwar im ersten Moment Überwindung kosten, hat aber den Vorteil, dass der Kunde beim zweiten Mal wesentlich sachlicher formuliert und präzisiert.

   Einsatz im Beschwerdegespräch:

   In der Klärungsphase ist es wichtig, in erster Linie den verärgerten Kunden sprechen zu lassen. Es ist sicher nicht sofort möglich, ein sachliches

Gespräch zu führen. Nur, wenn die aufgestaute negative Emotion bei ihm draußen ist, wird ein verärgerter Kunde bereit sein, ein konstruktives Gespräch zu führen. Darüber hinaus können durch diese Art von Fragen Missverständnisse erst gar nicht entstehen oder zumindest rechtzeitig erkannt und geklärt werden. Darüber hinaus zwingen diese Fragen den Fragesteller zum aktiven Zuhören und somit zur richtigen Einstellung zum Beschwerdegespräch. Der Kunde fühlt sich ernst genommen, er erhält so die notwendige Wertschätzung.

Beispiele:

„Habe ich den Sachverhalt richtig herausgehört, es geht um …"

„Wo genau ist dieses Problem aufgetreten?"

„Sie sagen, dass dieser Teil zu klein ist. Bezieht sich das auch auf den anderen Ansatzring?"

3. Die geschlossene Frage

Im Gegensatz zur offenen Frage lässt die geschlossene Frage einen engen Spielraum zur Antwort. Sie wird nämlich so formuliert, dass als Antwort nur ein „Ja" oder „Nein" passt. Sie liefert also eine knappe Information und ist daher eher dazu geeignet, ein Gespräch einzuengen. Geschlossene Fragen gelten daher als „Gesprächsverknapper".

Einsatz im Beschwerdegespräch:

Möglichst nicht am Anfang eines Beschwerdegespräches! Geht es um die exakte Klärung einzelner Details, kann dies in Form einer geschlossenen Frage erfolgen. Sie wollen ja ein klares „Ja" oder „Nein", zum Beispiel als Antwort auf einen Lösungsvorschlag Ihrerseits. Geschlossene Fragen dienen im Beschwerdegespräch aber auch als kurze Zwischenfrage, um den Kunden weg von einer eingefahrenen Gesprächsspur zu bringen. So geht die Aufmerksamkeit des Kunden auf Ihre Frage und – zumindest kurzfristig – weg von seinem ursprünglichen Punkt. Sie sind aber auch dort angebracht, wo Sie einen „Vielredner" einbremsen wollen, seinen Redefluss zum Beispiel aus Zeitgründen stoppen müssen, weil schon alle Details geklärt sind und noch weitere Kunden auf Sie warten. Doch auch hier gilt: Mit einer geschlossenen Frage alleine stoppen Sie den Redefluss meist noch nicht. Es ist eine zweite und dritte geschlossene Frage notwendig, also auch eine Fragekette, um den Dauerredner „auf Kurs" zu bringen!

Beispiele:
„Haben Sie diese Variante schon einmal ausprobiert?"
„Kennen Sie diese Methode?"
„Haben Sie diesen Fachartikel dazu gelesen?"

4. Die Alternativfrage

Die Alternativfrage gibt dem Befragten zwei oder auch mehrere Möglichkeiten zur Antwort. Sie zwingt ihn, sich zwischen den vom Fragesteller angebotenen Alternativen zu entscheiden. Diese Frage ist ein geeignetes Lenkungsinstrument, um ein Gespräch in eine gewünschte Richtung zu bringen. Der Gesprächspartner wird vor die Wahl gestellt – er kann entscheiden –, jedoch wird der weitere Verlauf des Gesprächs durch die Alternativen vorherbestimmt.

Einsatz im Beschwerdegespräch:
Wer seinem verärgerten Kunden zwei Alternativen anbietet, beweist guten Willen und eindeutige Kundenorientierung. Durch das Abwägen der Alternativen wird der Kunde außerdem kurzfristig von seiner Beschwerde abgelenkt. Wer sich diese zwei Lösungsvorschläge überlegt, hat schon stillschweigend eingewilligt, weiter Ihr Kunde zu bleiben, weiter kooperativ mit Ihnen „zusammenzuarbeiten". Diese Frageform sollte daher nicht zu früh im Beschwerdegespräch erfolgen, sondern erst in einer Phase, in der Zustimmung und gemeinsame Suche nach einer Lösung gefragt sind. Bekommt der verärgerte Kunde zu früh zwei Lösungsvorschläge, fühlt er sich „schnell abgefertigt" und zur Zustimmung gedrängt.

Tipp

Stellen Sie die Alternative, die für Sie günstiger ist, an den Schluss. Der andere tendiert nämlich dazu, das zuletzt Gehörte eher zu wählen, so er keine eindeutige Präferenz hat.

Beispiele:
„Finden Sie Lösung A oder Lösung B interessanter?"
„Möchten Sie als kleine Wiedergutmachung lieber eine CD oder einen Gutschein?"

„Möchten Sie einen Mitarbeiter zu unserem Seminar schicken oder kommen Sie selbst?"

5. Die Suggestivfrage

Mit dieser Frage lenken Sie ein Gespräch sehr bewusst in eine gewünschte Richtung. Sie nehmen in der Formulierung der Frage schon die Antwort vorweg. Sie erwarten Zustimmung vom anderen.

Einsatz im Beschwerdegespräch:

Gesprächsprofis verwenden diese Frage immer dann, wenn sie aufkeimenden Widerstand spüren. Sie wollen auf diese Weise wieder die Gemeinsamkeiten betonen, ein positives Klima schaffen. Auch wenn der gemeinsame Nenner im Beschwerdegespräch noch so klein ist, jedes „Ja" vom Kunden bedeutet eine positive Beeinflussung der Kommunikation. Setzen Sie diese Frageform eher sparsam ein, um dem anderen nicht das Gefühl des „Überrollens" bzw. der Manipulation zu geben. So eine Frage kann aber auch Sicherheit vermitteln, wenn Sie zum Beispiel die große Erfahrung des Kunden mit den Produkten Ihres Unternehmens ansprechen. Vor allem gegen Ende des Gesprächs können Sie sich so noch einmal die Versicherung holen, dass Ihr Kunde auch wirklich zufrieden ist.

Beispiele:

„Finden Sie auch, dass das neue Modell gegenüber dem alten ein paar wesentliche Vorteile aufweist?"

„Aus Ihrer Erfahrung – können Sie sich diese Lösung vorstellen?"

„Sind wir uns einig, dass das für Sie eine denkbare Variante ist, wenn wir diesen Teil austauschen?"

Folgendes sollten Sie beachten:

- Formulieren Sie Ihre Fragen möglichst einfach und positiv.
- Vermeiden Sie „Warum"-Fragen: Diese Fragen erinnern an die „unbeantwortbaren" Fragen der Eltern und Lehrer:
  „Warum hast du schon wieder dein Zimmer nicht zusammengeräumt?"
  „Warum ist diese Hausübung schon wieder nicht richtig?"
- Daher bewirken diese Fragen stets eine Abwehrreaktion, der Gesprächspartner reagiert mit einer vermehrten Stressausschüttung.
- Geben Sie dem Kunden Zeit, auf Ihre Frage zu antworten. Ein häufiger Fehler im Beschwerdegespräch besteht darin, dass sich der Mit-

arbeiter schon selbst die Antwort gibt oder dem Kunden die Worte regelrecht in den Mund legt. Die Frage verkommt zur reinen rhetorischen Frage. Der Kunde fühlt sich gedrängt und überrollt.

- Stellen Sie pro Satz immer nur eine Frage. Weniger ist mehr, auch wenn Sie mit der Materie genau vertraut sind und daher auch genau wissen, was als Nächstes zu fragen wäre.
- Nehmen Sie in der Formulierung Ihrer Frage stets Bezug auf das vom Kunden Gesagte. So beweisen Sie Ihr Eingehen auf ihn und seine Anliegen.
- Nützen Sie Ihre Fragen, um Zeit zu gewinnen, sich über die weitere Strategie des Gespräches klar zu werden.
- Notieren Sie die Antworten des Kunden mit, das gibt ihnen zusätzliches Gewicht und Sie können so auch leichter bei bereits vom Kunden Gesagtem einhacken, darauf zurückkommen.
- Die gezielte Wiederholung wichtiger Aussagen in Frageform ermöglicht die Zustimmung des Gesprächspartners und somit eine positive Beeinflussung des Gesprächsklimas.

Tipp

Das Stellen der richtigen Fragen ist wie Schachspielen: Haben Sie einmal die Initiative übernommen, stehen die Chancen gut, dass Sie auch gewinnen.

Professionelle Einwandtechniken

Beispiel

„Ich kann Sie gut verstehen, es ist ärgerlich, wenn man am Wochenende das neue Bücherregal aufbauen möchte und dann passt eine Schraube nicht! Schauen wir doch gleich einmal gemeinsam, wie wir das hinkriegen." Voller Schwung und Elan widmet sich Herr Frisch, der neue Kundenberater in der Wohnzimmerabteilung, dem Kunden, der mit einigen Brettern bewaffnet und ziemlich rot im Gesicht vor ihm steht. „Haben Sie die

Bauanleitung dabei?" „Die hab ich zu Hause gelassen, ich nehme ja doch an, dass Sie Ihre Möbel auch ohne Anleitung zusammenbauen können!", schnaubt der Kunde, noch immer sichtlich verärgert.

„Wenn Sie einverstanden sind, hole ich eine Anleitung, dann können wir gemeinsam klären, welche Schraube fehlt und ich zeige Ihnen gleichzeitig, wie Sie das Regal zusammenbauen können." Herr Frisch eilt hin und her, erklärt, fragt, hört dem Kunden zu und lässt nichts unversucht, den „Feind" zum „Freund" zu machen. Er findet den Fehler (der Kunde hat zwei Schrauben verwechselt, wahrscheinlich hat der die Bauanleitung nicht sorgfältig genug gelesen). Herr Frisch zeigt jedoch Verständnis für die Verwechslung, vermeidet jegliche Schuldzuweisung und ist schließlich voll überzeugt, den Kunden beruhigt und vollumfänglich zufrieden gestellt zu haben.

„Ist ja gut und schön, aber können Sie mir nicht jemanden zu mir nach Hause schicken, der mir das Regal liefert und zusammenbaut – natürlich kostenlos, wegen all dem Ärger, den ich hatte?"

Herr Frisch ist sprachlos: Mit diesem Einwand hätte er nicht mehr gerechnet!

Auch wer meint, einen sich beschwerenden Kunden endgültig beruhigt zu haben, erlebt oft sein blaues Wunder. Wie aus dem Nichts taucht plötzlich ein Einwand auf, mit dem nicht mehr zu rechnen war. Was ist passiert? Manchmal brauchen Beschwerdeführer einfach etwas längr, um einen Einwand, der ihnen noch auf der Seele brennt, zu artikulieren. Gerade wenn der Kundenbetreuer sehr professionell agiert, kann es passieren, dass der Kunde einfach nicht den richtigen Zeitpunkt findet, um einzuhaken. Er stimmt vordergründig zu und der Einwand ist aber nicht ausgeräumt. So kann es jederzeit im Beschwerdegespräch zu einem Einwand seitens des Kunden kommen. Wie also damit umgehen?

Zunächst einmal ist es wichtig, einen Einwand als etwas Positives zu betrachten, Ein Kunde, der einen Einwand äußert, will überzeugt werden, ist auf der Suche nach einer für ihn tragbaren Lösung. Ein Kunde, der mit keiner Lösung mehr rechnet, geht einfach, ohne seine Bedenken geäußert zu haben.

- **Akzeptieren** Sie also zunächst den Einwand, betrachten Sie ihn als etwas Positives, als eine zusätzliche Informationsquelle, die Ihnen hilft, Ihren Kunden besser kennenzulernen und die Beschwerde individuell zu bearbeiten. Hören Sie daher möglichst genau zu, ohne zu unterbrechen.

- **Stoßdämpfertechnik:** Lassen Sie die Emotionen des Beschwerdeführers zu. Zeigen Sie Verständnis für den Einwand, ohne dem Kunden dabei Recht zu geben. Die Sichtweise des anderen zu akzeptieren, seine Gefühle zu erkennen und zu respektieren, heißt noch lange nicht, ihm zuzustimmen. Äußerungen wie *„Ich sehe, dieser Punkt ist für Sie sehr wichtig"* oder *„Aus Ihrer Sicht ist es nachvollziehbar …"* sind das Handwerkzeug für diese Technik, die darauf abzielt, die Gefühle des anderen nicht zu verletzen und durch Verständnis abzudämpfen, ganz wie ein guter Stoßdämpfer.

- **Ursachenforschung:** Erkennen Sie die wahren Beweggründe für den Einwand. Nicht immer ist das, was der Kunde sagt, auch das, was er wirklich meint. Die beste Argumentation hilft wenig, wenn Sie am wahren Grund „vorbeiargumentieren". Klären Sie daher mit Fragen ab, was wirklich hinter dem geäußerten Einwand steckt. Handelt es sich um einen Vorwand oder einen echten Einwand? So liegt im eingangs geschilderten Beispiel die Annahme nahe, dass der Kunde einfach unsicher ist und es sich nicht zutraut, das Regal alleine zusammenbauen zu können. Vielleicht hat der Verkäufer selbst alle Handgriffe getätigt und dem Kunden nicht die Chance gegeben, selbst zu probieren. Die so entstandene Unsicherheit äußert sich in dem Einwand des Kunden.

- **Echotechnik:** Auch diese Technik dient der Klärung der wahren Hintergründe eines Einwands. Dabei wird der Kundeneinwand noch einmal in Frageform wiederholt:
  „Habe ich Sie richtig verstanden, es geht um …?"
  So geben Sie dem Kunden die Chance, Missverständnisse zu klären und zeigen darüber hinaus, dass Sie den Einwand wirklich ernst nehmen. Kunden, die im ersten Moment einen überzogenen Einwand geäußert haben, relativieren in diesem Moment ihre Bedenken. Die erste Emotion ist heraus, der verärgerte Kunde wird sachlicher, präziser.

- **Versachlichungstechnik:** Wurde die Emotion erkannt und angesprochen, fällt es viel leichter, die Argumentation auf eine sachliche

Ebene zu bringen. Trennen Sie daher auch verbal Sache und Emotion. Mit den Worten „konkret" und „genau" helfen Sie dem anderen, sich gedanklich auch auf die Sachebene zu begeben.

„Ich verstehe Ihre Verärgerung. Welcher Schritt konkret (genau) ist für Sie noch unklar?"

So helfen Sie dem Beschwerdeführer, trotz seiner Emotionen die Sache auch von der logischen Seite her zu betrachten und er ist einer sachlichen Argumentation zugänglicher.

- **Nutzentechnik:** Betonen Sie bei jedem Argument, das Sie zur Entkräftung des Einwands verwenden, stets den Nutzen des anderen. Argumentieren Sie aus der Sicht des Beschwerdeführers, erklären Sie ihm seinen Vorteil.

- **Zustimmungstechnik:** Erzeugen Sie eine positive Atmosphäre im Gespräch. Eine unerwartete Zustimmung Ihrerseits entwaffnet den Kunden, bringt ihn aus dem Konzept. „Das ist richtig, diese Schraube ist wichtig und muss genau passen." Da haben Sie ebenfalls noch lange kein Schuldeingeständnis getroffen. Droht das Gespräch wieder in negative Bahnen zu kippen, holen Sie sich Ihrerseits eine Zustimmung des Kunden. Sprechen Sie dabei einen Punkt an, bei dem Sie mit dem anderen einer Meinung sind, einen gemeinsamen Nenner sozusagen.
„Sind wir und einig, dass …?"
Haben Sie erst einmal eine Zustimmung von Ihrem Kunden erhalten, ist es leichter, das Gespräch positiv weiterzuführen.

- **Plus-Minus-Methode**: Dabei stellen Sie dem Einwand des Kunden einen oder mehrere Pluspunkte gegenüber. Wie auf einer Waage legen Sie so Ihre Argumente in die Waagschale und bringen diese somit „verbal" zu Ihren Gunsten ins Ungleichgewicht. Achten Sie dabei aber genau darauf, keinen direkten Widerspruch zu formulieren. Das Wort „aber" sollte daher nicht vorkommen.
Statt: „Sie sagen, diese Schraube sei zu klein, aber ich habe Ihnen ja bewiesen, dass Sie einfach die falsche Schraube genommen haben!"
Besser: „Sie meinen, die Schraube ist zu klein. Wir haben hier in der Packung kleine und größere Schrauben. In der Anleitung ist gezeigt, welche Schraube für welches Brett vorgesehen ist. Von jeder Schraubenart gibt es eine Reserveschraube im Paket."

- **Anerkennungsmethode**: Geben Sie dem Beschwerdeführer das Gefühl, einen wertvollen Beitrag mit seiner Beschwerde zu leisten.

Bedanken Sie sich für seinen Hinweis, der es erst ermöglicht, Ihre Leistungen und Produkte den Kundenwünschen noch mehr anzupassen. So werten Sie den Kunden auf, machen ihn zum Verbündeten und holen ihn verbal ins Boot.

Egal, welche Methode Sie verwenden – nehmen Sie Einwände und Angriffe seitens des Beschwerdeführers nicht persönlich und beweisen Sie Souveränität, indem Sie ruhig bleiben und nicht sofort versuchen, sich zu rechtfertigen oder den Kunden in die Enge zu treiben. Es geht bei der Einwandbehandlung nicht um Tricks oder Techniken, wie Sie den Kunden „Schachmatt" setzen. Es geht vielmehr um eine für beide akzeptable Lösung, bei der jeder sein Gesicht wahrt und der Einwand des Kunden nicht zur unüberwindlichen Trennwand wird.

Die „kleinen Fehltritte" in der Wortwahl

Die richtige Wortwahl ist der Erfolgsfaktor Nummer 1, wenn es um gelungene Beschwerdegespräche geht. Bei einem verärgerten Kunden kann auch ein kleiner „verbaler Fehltritt" schnell eine sehr negative Reaktion auslösen und ein Gespräch ins Negative kippen lassen. Daher kann es nicht schaden, den eigenen Wortschatz auf eventuelle „Killerphrasen", die besonders im Beschwerdegespräch negativ wirken, zu durchforsten.

Vermeiden	Begründung	Besser
„Ehrlich gesagt..."	„Riecht" nach Lüge! Warum sind Sie erst jetzt ehrlich? War bisher alles gelogen?	Einfach weglassen!
„grundsätzlich", „im Grunde genommen"	Klingt nach Ausrede, „Um-den-heißen-Brei"-Gerede, typische Leerfloskeln, die die Objektivität nur vortäuschen	Ebenfalls streichen!
„gewissermaßen", „in etwa", „irgendwie"	Klingt extrem unsicher. Wer so spricht, fühlt sich vom Kunden in die Enge getrieben und erweist sich als inkompetent.	Auch hier: einfach weglassen!

Vermeiden	Begründung	Besser
„eigentlich"	So schränken Sie das Gesagte ein, entschuldigen sich, verkleinern, relativieren die Aussage.	Formulieren sie bestimmt und ohne „heiße Luft"
„sicherlich", „selbstverständlich"	Wer so übertrieben formuliert, wirkt schulmeisterlich, von oben herab und erweckt Abwehr und Misstrauen	„Ich versichere Ihnen ..."
„auf jeden Fall", „überhaupt", „unter allen Umständen"	Wer so vehement verstärkt, verdeckt damit nur seine Unsicherheit oder erweist sich als autoritär und intolerant.	Verwenden Sie eher sachliche Formulierungen, wie: „Die Erfahrung hat gezeigt ..."
„ganz einfach", „praktisch"	Ganz so einfach liegen die Dinge hier nicht, und wer „praktisch alles im Griff hat", der hat theoretisch kaum etwas unter Kontrolle!	Verwenden Sie öfter das Wort „konkret"
„ausgezeichnet", „großartig", „hervorragend"	Solche Übertreibungen wirken selbstherrlich. Hier ist der typische „Schulterklopfer" unterwegs, der Detailprobleme gerne einfach vom Tisch fegt.	Einfach weglassen!
„Man sollte"	Nicht nur der Konjunktiv stört hier. Mit „man" fühlt sich „Mann/Frau" nicht angesprochen, die Wahrscheinlichkeit, dass so einer Anregung Taten folgen, ist wohl äußerst gering!	„Wir werden", „Ich werde"
„Das kann ich mir so nicht vorstellen"	Der Beschwerdeführer wird als „Lügner" bezichtigt, seine Aussage in Zweifel gezogen. Er muss	„Darf ich Sie bitten, mir die Situation noch einmal kon-

Vermeiden	Begründung	Besser
	somit verärgert und ablehnend reagieren!	kret zu schildern?"
„Sie müssen schon Folgendes beachten!", „Sie dürfen nicht einfach …!"	Der Kunde, der verärgert ist, will nicht belehrt werden!	„Ich ersuche Sie, auf folgende Tatsache zu achten ..." „Bitte beachten Sie …"
„Warum"-Fragen	Sie wirken immer schulmeisterlich, erinnern uns an unsere Kindheit und machen „sprachlos".	„Weshalb?" „Aus welchem Grund?"
„Mehr kann ich im Moment auch nicht für Sie tun!"	Diese Formulierung wirkt wie ein Fußtritt und beweist Unwilligkeit. Der Mitarbeiter will den Beschwerdeführer so schnell wie möglich loswerden.	„Ist das für Sie ein akzeptables Angebot? Was können wir noch für Sie tun?"
„Da kann ich Ihnen leider nicht weiterhelfen, der zuständige Kollege ist nicht mehr da!"	Jede Negativ-Formulierung bewirkt gerade im Beschwerdegespräch Ablehnung. Der Kunde will nicht hören, was nicht geht und wer nicht mehr da ist, sondern was Sie ihm anbieten können!	„Herr Meier, der für diesen Bereich verantwortlich ist, ist morgen ab 10 Uhr wieder im Haus, ich werde ihn informieren und er wird sich dann gleich mit Ihnen in Verbindung setzen …"
„Verzeihen Sie, wie war Ihr Name?"	Der verärgerte Kunde verzeiht nicht, er lebt noch und sein Name ist noch immer gleich!	„Wie ist Ihr Name, bitte?" oder „Wie schreibt sich Ihr Name korrekt?"

Vermeiden	Begründung	Besser
„Das haben wir noch nie so gemacht!"	So drückt sich Inkompetenz und Kundenfeindlichkeit aus.	„Ich bin sicher, wir finden eine für alle akzeptable Lösung."
„Um diese Zeit ist nur Frau X zu sprechen, alle anderen sind schon weg."	Die arme Frau X – der allerletzte Notnagel! Ist ja auch unverschämt vom Kunden, sich ausgerechnet jetzt zu beschweren! Da muss er sich schon einen Vorwurf gefallen lassen!	„Frau X klärt gerne mit Ihnen die wichtigen Details." (Wer sonst noch nicht mehr da ist, muss nicht erwähnt werden!)
„Ich als Fachmann rate Ihnen ..."	Gerade im Beschwerdefall haben Kunden Probleme mit Wichtigtuern und typischen „Oberlehrern"!	„Was meinen Sie zu ...?"
„Da haben wir ein Problem. Ich werde Ihre Beschwerde an die Reklamationsabteilung weiterleiten."	So werden Probleme oft erst rhetorisch erzeugt: Vielleicht war das, was hier zum Problem, zur Beschwerde, zur Reklamation geworden ist, ursprünglich nur eine schlichte Anfrage?	„Ich werde Ihre Anregung, Ihre Frage gerne weiterleiten."
„Das weiß ich nicht, da wurde ich nicht informiert!"	Uninformiert sein und dann auch noch über die Kollegen schimpfen, das wirkt sicher nicht professionell!	„Ich werde mich für Sie erkundigen."
„Da ist sicher wieder in der Fertigung ein Fehler passiert!"	Den Fehler anderen im Haus in die Schuhe zu schieben, wirkt extrem unprofessionell.	„Ich entschuldige mich für Ihre Unannehmlichkeiten, ich werde die Sache klären."

Vermeiden	Begründung	Besser
„Tut mir leid, da müssen Sie schon in der Filiale, in der Sie das gekauft haben, nachfragen!"	Eine glatte Lüge: Gar nichts tut dem Mitarbeiter da leid, er schiebt den Kunden nur einfach sehr unsanft weg. Der verärgerte Kunde „muss" gar nichts! Er war wohl das letzte Mal Kunde, in welcher Filiale auch immer.	„Ich kläre das gerne für Sie mit Filiale X ab und wir setzen uns dann mit Ihnen in Verbindung."
„Jetzt ist es ganz schlecht, kommen Sie doch später wieder, da hab ich mehr Zeit!"	Ein sich beschwerender Kunde hat immer oberste Priorität. Was gleich und vor Ort geklärt werden kann, ist leichter zu klären, als wenn der Ärger erst einmal länger „gärt".	„Darf ich Sie bitten, Platz zu nehmen, ich bin in einer Minute bei Ihnen."
„Haben Sie mich jetzt verstanden?"	Diese Äußerung muss zu einer emotionalen Abwehr beim anderen führen.	„Ist diese Erklärung für Sie nachvollziehbar?"
„Das hat man Ihnen beim Kauf aber sicher schon gesagt."	Auch diesen Vorwurf will der Kunde nicht hören, er sucht eine Lösung und keine Schuldzuweisung!	„Was haben Sie bei der ersten Inbetriebnahme genau gemacht?"
„Sie verstehen mich falsch!", „Das stimmt nicht!"	Offener Widerspruch ist im Beschwerdegespräch immer zu vermeiden. Er erzeugt nur Gegendruck und schiebt eine Lösung in weite Ferne.	„Aus Ihrer Sicht ist es so …, aus unserer Sicht so …" Stellen Sie beide Sichtweisen wie bei einer Waage gegenüber. Das nimmt die Schärfe und den Vorwurf aus dem Gespräch bzw. ermöglicht ein weiteres sachliches Vorgehen.

Vermeiden	Begründung	Besser
„Da müsste ich erst einmal kurz nachfragen …"	Die Wahrscheinlichkeit für den Kunden, dass da etwas Positives in seinem Sinn herauskommt, ist gering. „Müssen" bedeutet „gegen den eigenen Willen gezwungen sein, etwas zu tun!"	„Ich werde mich für Sie erkundigen." Zeigen Sie Initiative für den Kunden!
„Sie werden verstehen, das wird schon eine Weile dauern!"	Was der Kunde verstehen wird, bleibt offen. Mit einer unklaren Zeitangabe, die sehr nach Vertrösten auf unbestimmte Zeit klingt, wird er aber sicher nicht zufrieden sein.	„Wir werden … unternehmen und Sie erhalten zwischen 15.5. und 20.5. Nachricht über den Reparaturstatus."

Achten Sie besonders in kritischen Gesprächsphasen auf diese typischen „Killerphrasen" und „Leerfloskeln". Diese Liste der verbalen Fehltritte erhebt keinerlei Anspruch auf Vollständigkeit. Sie soll Ihnen jedoch helfen, Ihr Ohr sensibler zu machen und vom ersten Augenblick an verbal zu punkten: mit Worten, die positiv, echt und authentisch sind! Denn es stolpern mehr Menschen über ihre Zunge als über ihre Füße!

Nonverbale Signale im Beschwerdegespräch

Für ein gelungenes Beschwerdegespräch sind nicht nur die gesprochenen Worte entscheidend – auch die nonverbalen Signale entscheiden darüber, ob der Kunde noch mehr verärgert das Unternehmen verlässt oder ob er als „Freund" geht. Wie schon beim aktiven Zuhören erwähnt, ist die richtige Körpersprache ein wichtiger Mosaikstein für ein gelungenes Gespräch.

Nonverbale Signale werden viel mehr vom Unterbewusstsein gesteuert als Worte. Darin liegt die große Gefahr. Die Wortwahl ist oft professionell, die richtigen Sätze durch langjähriges Training schnell formuliert. Doch die Körpersprache drückt etwas anderes, Widersprüchliches aus. Da bahnen sich unterdrückte Gefühle einen Weg an die Oberfläche und werden von Kunden – wenn auch nur unterbewusst – registriert. Er misstraut dem Gehörten und lässt sich nicht so recht überzeugen.

Nonverbale Signale, die negativ wirken:

- **Kopfschütteln:** Dieses Signal drückt innere Skepsis aus und kommt einem offenen Widerspruch gleich.
- **Hochgezogene Augenbrauen:** Sie drücken Erstaunen aus, ein gewisses Maß an Ungläubigkeit, ganz nach dem Motto: „Was Sie da nicht sagen! Das kann ich mir so nicht vorstellen!" Eine Äußerung, die man einem verärgerten Kunden bewusst wohl nicht sagen würde.
- **Achselzucken:** Auch ein fast unmerkliches kurzes Anheben der Schultern und Wieder-fallen-Lassen wird vom Vis-à-vis als Gleichgültigkeitsgeste gewertet. Es bedeutet darüber hinaus auch ein Abschütteln einer unangenehmen Sache, ein Loswerdenwollen der unliebsamen Störung.
- **Augenbrauen zusammenziehen:** Wer die Augenbrauen runzelt, hinter dessen Stirn braut sich etwas zusammen. Ärger und Aggression werden gerade noch zurückgehalten. Doch der Gesprächspartner reagiert auf diese Geste meist sehr direkt mit der Spiegelung der gleichen Gefühlsgeste. So entsteht ein Kreislauf der negativen Gefühle, kein guter Start in ein Beschwerdegespräch!
- **Die Lippen aufeinander pressen:** Da versucht jemand krampfhaft, negative Worte zurückzuhalten. Ein kleiner zusätzlicher Negativreiz kann ausreichen und die wütenden Emotionen werden in Laute geformt. Daher wirkt diese Mimik auf den Gesprächspartner bedrohlich. Auch skeptische Worte werden so „verkniffen", der Mitarbeiter drückt seine inneren Zweifel an dem vom Kunden geschilderten Sachverhalt aus.
- **Auf die Uhr schauen, mit Gegenständen spielen oder in Unterlagen blättern:** Diese Gesten zeigen dem Kunden, dass die Situation dem anderen unangenehm ist und er sie so schnell wie möglich beenden will. Sie drücken Ungeduld und Unaufmerksamkeit aus. Außerdem zeigen sie auch ein gewisses Maß an Unsicherheit: Der Mitarbeiter sucht die Lösung in den Unterlagen. Das Spielen mit Gegenständen drückt Nervosität aus und verstärkt dazu noch ähnliche Gefühle beim Gesprächspartner, die Unsicherheit und Nervosität überträgt sich und macht das Gespräch noch schwieriger.
- **Wegdrehen:** Wer sich von seinem Gesprächspartner leicht seitlich wegdreht, „schiebt" diesen gewissermaßen auch verbal zur Seite, er

zeigt ihm die kalte Schulter. Diese Geste signalisiert Abwehr, Abkehr vom Thema und vom Mensch selbst.

- **Hände in den Hosentaschen** demonstrieren nach außen Desinteresse und verunsichern den Gesprächspartner: Welche Waffe hat der andere da in seinem Hosensack versteckt?
- **Fehlender Blickkontakt:** Eines der wichtigsten Zeichen gegenseitiger Anerkennung ist in unserem Kulturkreis das In-die-Augen-Schauen beim Gespräch. Wer diesen Blickkontakt verweigert, signalisiert Ablehnung, Arroganz und fehlende Wertschätzung. Außerdem entsteht beim Gesprächspartner unterbewusst das Gefühl, der andere habe etwas zu verbergen und wäre nicht ganz ehrlich.

Auf Folgendes sollten Sie besonders achten:

- Nehmen Sie speziell im Beschwerdegespräch eine **offene Haltung** gegenüber dem Kunden ein. „Entwaffnen" Sie ihn durch Offenheit. So zeigen Sie, dass Sie das schwierige Gespräch nicht scheuen und den anderen willkommen heißen. Unterstützen Sie diese Haltung durch eine offene Mimik, ein entspanntes Gesicht, das freundlich lächelt.
- Halten Sie auch keine Unterlagen, Ordner oder Gegenstände wie ein **Schutzschild** vor Ihren Körper. So wirken Sie unverkrampft und locker. Sie fürchten sich nicht vor dem „Angreifer", benötigen keinen Schutz.
- Achten Sie auf einen **sicheren Standpunkt**. Wer mit beiden Beinen fest am Boden steht, wirkt auch mit seinen Argumenten überzeugender und vermittelt Sicherheit und Souveränität.
- Ein **offener Blickkontakt** stellt die Wellenlänge zum Gesprächspartner her. Er ist die wichtigste Voraussetzung für ein gutes Gespräch. Halten Sie diesen Blickkontakt auch dann, wenn der andere aggressiv wird. Durch ein leichtes, fast unmerkliches Hochziehen der Augenbrauen verhindern Sie es, den aggressiven Gesichtsausdruck mit den zusammengezogenen Augenbrauen des anderen zu spiegeln und so noch zu verstärken.
- Achten Sie auf eine **natürliche Gestik**. Leichte Bewegungen der Unterarme unterstreichen Ihre Worte, machen sie ausdrucksstärker. Legen Sie jedoch Stifte und andere spitze Gegenstände vorher aus der Hand, sonst werden diese zu „Waffen". Ein hektisches Herumfuchteln mit solchen „Waffen" wirkt bedrohlich. Ebenso aggressiv wirken seitlich weggesteckte Ellenbogen und vorgestreckte Fußspitzen. Offene

Handflächen hingegen demonstrieren auch Offenheit gegenüber dem Gesprächspartner. Wenn Sie auf eine Stelle in einem Schriftstück oder einer Unterlage zeigen, tun Sie das auch mit der offenen Hand (Handrücken nach unten) – das wirkt freundlich und nicht so schulmeisterlich wie das Hinzeigen mit dem Zeigefinger nach unten.

- Demonstriert der Gesprächspartner Verschlossenheit, indem er den Kopf leicht zwischen die Schultern zieht, diese wie zum Schutz hochzieht und dabei seine Arme schützend vor dem Körper verschränkt, ist es wichtig, diese **starre Haltung „aufzulösen"**. Nur wenn er seine Körperposition ändert, ist er auch für neue Argumente zugänglich. Führen Sie diese Änderung der Körperhaltung zum Beispiel durch das Überreichen einer Unterlage, eines Prospekts etc. herbei. Sobald der Kunde danach greift, hat er seine Körperhaltung schon verändert.

- Achten Sie auch auf **die richtige Distanz** zum Kunden. Rücken Sie ihm nicht mehr als eine Armeslänge näher, sonst wirkt Ihr Eindringen in seine persönliche Distanzzone als Bedrohung. Zu weit weg sollten Sie aber auch nicht stehen, sonst signalisieren Sie Desinteresse. Ebenfalls negativ wirken Barrieren wie Verkaufs- oder Empfangspulte. Auch wenn es nachvollziehbar ist, dass Sie sich so vielleicht vor den Angriffen des Beschwerdeführers sicherer fühlen, so verstärkt dieses „Verbarrikadieren" nur den Angriffsreiz beim anderen. Er will sie endlich auch physisch zu fassen kriegen, zur Rechenschaft ziehen. Gehen Sie ihm also immer entgegen und verlassen Sie Ihre vermeintlich sichere Zone.

Überzeugend wirken Sie immer dann, wenn Sie echt und authentisch sind. Wer nur eine Rolle spielt, auch wenn Sie noch so perfekt einstudiert ist, hat schlechte Karten im Gespräch. Wir halten daher auch nichts vom Tipp: Lächeln Sie um jeden Preis. So ein „Dauergrinsen" wird schnell zum „Kampflächeln". Eine unnatürliche Geste, die den anderen mehr wegschiebt als ihn überzeugt. Ihre Körpersprache sollte stets Sicherheit, Freundlichkeit gegenüber dem anderen und Konzentration auf ihn und sein Anliegen ausdrücken. Sobald Sie sich in Ihrer inneren Einstellung diesen Punkten zuwenden, wird Ihre Körpersprache auch ohne langes Üben vor dem Spiegel genau diese Aussagekraft haben und vom Beschwerdeführer als positiv wahrgenommen werden.

Die einzelnen Phasen des Beschwerdegespräches

Sie haben nun die wesentlichen Techniken in der Beschwerdegesprächsführung kennengelernt, sozusagen das Handwerkzeug für die Praxis. Doch wann wird welche Technik eingesetzt? Welchem „Drehbuch" folgt so ein Gespräch? Tatsächlich ist es in der Beschwerdepraxis so, dass ein erfolgreiches Beschwerdegespräch in mehrere Phasen zerfällt. Diese sind im Überblick:

- Phase 1: Schaffen eines positiven Klimas
- Phase 2: Das Problem analysieren
- Phase 3: Suche nach der gemeinsamen Lösung
- Phase 4: Positiver Ausstieg als Neuanfang

Erst wenn eine Phase erfolgreich abgeschlossen wurde, kann die nächste in Angriff genommen werden. Wer auf Grund von Zeitdruck oder Unachtsamkeit eine dieser Phasen überspringt, kann eine böse Überraschung erleben und vom Kunden plötzlich wieder an den Anfang zurückversetzt werden:

„Was Sie da alles sagen ist ja gut und schön, aber überzeugt hat mich das alles nicht! Ich habe nach wie vor ein Gerät, das nicht funktioniert. Sie wissen nicht, warum das so ist, und ich verliere langsam die Geduld. Das wird nichts mehr! Geben Sie mir einfach mein Geld zurück und Sie sehen mich nie wieder!"

Wer von seinem Kunden so etwas zu hören bekommt, hat wohl seine Energien im Kundenkontakt nicht richtig eingesetzt. Er steht wieder ganz am Anfang, nur mit dem Unterschied, dass der Kunde noch ärgerlicher ist und seine Erwartungen an eine gute Lösung noch viel geringer sind als vorher.

Achten Sie daher auf die genaue Einhaltung der einzelnen Phasen und beginnen Sie erst mit der nächsten, wenn die vorherige möglichst positiv abgeschlossen ist.

Phase 1: Schaffen eines positiven Klimas

In diesem Kapitel haben wir schon auf die Wichtigkeit des ersten Eindrucks hingewiesen. Diese erste Phase entscheidet zum großen Teil über Erfolg oder Misserfolg im gesamten Beschwerdegespräch. Fehler, die hier passieren, sind nur mit sehr großem Energieaufwand in den späteren Phasen aufzuholen. Reagieren Sie daher besonders achtsam, auch wenn Sie gerade aus einer sehr dringenden anderen Tätigkeit herausgerissen wurden. Besonders wichtig ist:

- **Reagieren Sie sofort!** Wenden Sie dem verärgerten Kunden Ihre ganze Aufmerksamkeit zu. Er will jetzt sein Anliegen loswerden und es kümmert ihn reichlich wenig, ob es Ihnen jetzt gerade passt oder nicht!
- **Gehen Sie auf den Kunden zu.** Eine ordnungsgemäße Begrüßung ist die Basis für jedes gute Gespräch. Stellen Sie sich vor, das schafft Vertrauen.
  „Guten Tag, darf ich mich vorstellen, mein Name ist …, ich bin hier verantwortlich für …"
- **Zeigen Sie Anteilnahme und Verständnis.** So verringern Sie den Ärger des Kunden und nehmen ihm den ersten Wind aus den Segeln.
  „Ich verstehe Ihre Verärgerung." „Ich kann Ihre Situation nachempfinden."
- **Verwenden Sie die Technik des aktiven Zuhörens.** Jetzt ist es wichtig, den Kunden nicht zu unterbrechen und ihm – auch körpersprachlich – Interesse zu bekunden. Die Technik dazu finden Sie unter Kap. 2.3.2.
- **Emotionen zulassen:** Ermöglichen Sie dem verärgerten Kunden, „Dampf abzulassen". Ermutigen Sie ihn durch die richtige Feedback-Technik erst einmal alles an aufgestauten Gefühlen herauszulassen. Sind Sie sich auch Ihrer eigenen Emotionen bewusst. Nur wer erkennt, dass er auch gerade nicht sehr positiv auf all die geballten Aggressionen des anderen reagiert, schafft es, die eigenen Emotionen in den Griff zu bekommen.
  „Habe ich Sie richtig verstanden, es geht für Sie um …?"
- **Gleiche Wellenlänge schaffen:** Passen Sie sich in Lautstärke, Sprechtempo und Sprachstil Ihrem Gesprächspartner an. Dass heißt nicht, dass Sie seinen Dialekt imitieren sollten. Aber wenn er im Dialekt spricht, ist es hilfreich, selbst nicht unbedingt die bühnenreife Hochsprache hervorzukehren. Sprechen Sie dann ruhig auch etwas im Dialekt, aber bitte in Ihrem eigenen. Nehmen Sie nach Möglichkeit die gleiche Sprechposition ein: Stehen Sie auf, wenn Ihr Kunde vor Ihnen steht oder bieten Sie ihm einen Sitzplatz an. So klappt es mit der Verständigung besser.
- **Das gemeinsame Ziel betonen:** Versichern Sie dem Kunden, dass es Ihnen um eine gemeinsame Lösung, um Zusammenarbeit geht. So lassen Sie eine Frontstellung erst gar nicht aufkommen und ho-

len den Beschwerdeführer ins eigene Boot, machen ihn von Anfang an zum Verbündeten.

„Schauen wir uns das doch einmal zusammen an …“
„Klären wir das gemeinsam.“

Phase 2: Das Problem analysieren

Jetzt geht es darum, genau zu erkennen, welche Ursache die Beschwerde ausgelöst hat. Ist der Kunde sehr ärgerlich, fällt es oft schwer, den genauen Hintergrund zu erkennen. Wer da vorschnell reagiert und dann auch noch mit „Das haben wir gleich, das ist ja überhaupt kein Problem“-Formulierungen die Sache herunterspielt, hat in dieser Phase schnell aus der berühmten Mücke ein Elefantenproblem gemacht.

- **Sagen Sie dem Kunden gleich zu Beginn, dass Sie ihm jetzt einige Fragen stellen werden.** So ist er vorbereitet und empfindet die anschließende Klärungsphase nicht wie ein Polizeiverhör. Formulieren Sie diese Einleitung möglichst freundlich: *„Darf ich Ihnen jetzt zur genauen und raschen Klärung ein paar Fragen stellen?“*
- **Fragetechnik als Erfolgsfaktor:** Führen Sie den Kunden behutsam an die wahre Ursache seiner Beschwerde heran. Die richtige Fragetechnik aus Kap. 2.3.3. hilft Ihnen dabei. Stellen Sie zunächst eher offene Fragen – das hilft, Aggressionen abzubauen. Geben Sie dem anderen jeweils genügend Zeit für die Antwort. Oft sucht er nach Worten – lassen Sie ihn! Nur er weiß, was er genau meint.
- **Trennen Sie hörbar Emotion und Sache.** Wenn der Beschwerdeführer immer wieder in die Emotion „hineinkippt“, helfen Sie ihm, indem Sie sein Einverständnis zur Rückkehr zur Lösungssuche erfragen.
  „Ich sehe, wie wichtig Ihnen dieser Punkt ist. Ist es für Sie in Ordnung, wenn wir uns diesen Punkt einmal aus der Sicht der Technik anschauen?“
- **Formulieren Sie bewusst.** In Kap. 2.3.1. haben wir Sie mit den Grundzügen der richtigen Formulierung vertraut gemacht. Achten Sie besonders in dieser Phase darauf, Positives vor Negatives zu stellen und Behauptungen in Frageform zu verpacken.
  „Sehen Sie auch den Zusammenhang zur verwendeten Software?“
- **Geben Sie Feedback.** Missverständnisse in dieser Phase verhindern die Lösung! Es ist daher wichtig, sich immer wieder zu versi-

chern, ob Sie den Kunden richtig verstanden haben. Lieber einmal mehr nachfragen, als falsche Schlussfolgerungen zu ziehen.

- **Vorsicht mit Standardfloskeln!** „Halb so wild, das haben wir gleich!" – Wer dem Kunden aalglatt und mit hundertfach verwendeten Standardsätzen begegnet, wirkt arrogant und unsympathisch. Jeder Kunde und sein Problem sind einzigartig, es interessiert ihn wenig, ob schon zahlreiche andere Kunden sich über die gleiche Sache beschwert haben.

- **Schreiben Sie, wenn nötig, mit.** Zugegeben, es erfordert einige Übung, dem Kunden fragen zu stellen, Augenkontakt zu halten und auch noch mitzuschreiben. Doch nichts beweist dem Kunden mehr die Ernsthaftigkeit Ihrer Lösungssuche. Außerdem vermeiden Sie so, ein wichtiges Detail zu übersehen oder gewisse Informationen zweimal abzufragen. Holen Sie aber das Einverständnis des Kunden ein, besonders dann, wenn Sie die Notizen gleich in den PC tippen. *„Ist es für Sie in Ordnung, wenn ich die wichtigen Fakten mitnotiere?"*

- **Fassen Sie zusammen.** Sagen Sie dem Kunden, was Sie alles notiert haben und wie sich die Sachlage aus Ihrer Sicht darstellt. So geben Sie ihm noch einmal die Möglichkeit, Unklarheiten auszuräumen und Missverständnisse zu vermeiden.

Phase 3: Suche nach der gemeinsamen Lösung

Haben Sie die beiden vorherigen Phasen gewissenhaft und vollständig erledigt, ist es jetzt meist nicht mehr allzu schwer, die passende Lösung vorzuschlagen.

Grundsätzlich ist dabei zwischen freiwilligen und gesetzlich dem Kunden zustehenden Lösungen zu unterscheiden. Das hängt im Wesentlichen davon ab, ob Ihr Unternehmen eine Schuld trifft oder ob Sie dem Kunden unabhängig von schuldhaftem Verhalten eine Garantie zugesagt haben[1]. Mögliche – gesetzlich vorgesehene und freiwillige – Lösungen dabei sind:

1. **Austausch bzw. Umtausch der beanstandeten Sache:** Das Unternehmen nimmt das Produkt zurück und tauscht es gegen ein neues aus. Das verursacht für Sie als Mitarbeiter einen erheblichen Mehraufwand, da die Ware wieder an den Lieferanten zurückerstattet werden muss,

---

[1] Die rechtlichen Grundlagen finden Sie für Deutschland in den §§ 249 ff. BGB und für Österreich in den §§ 1293–1341 ABGB.

versehen mit den dafür nötigen Fehlerberichten. Auch im Unternehmen entsteht zusätzlicher Verwaltungsaufwand und Erklärungsbedarf. Ohne einen zusätzlichen Umsatz zu generieren, haben Sie Ihre Zeit eingesetzt. Der Kunde jedoch ist mit dieser Lösung meist zufrieden. Und zufriedene Kunden kommen wieder!

2. **Nachbesserung oder Reparatur:** Diese Variante ist ebenfalls mit Mühe (Einsenden der Ware, Reparaturauftrag, Weiterbearbeitung, Kontrolle etc.) verbunden. Meist ist der Kunde auch nicht so glücklich, wenn er eine schon ursprünglich mangelhafte Sache bloß „ausgebessert" und nicht neu erhält. Wenn einmal ein Mangel da war, kann das ja wieder passieren – Stichwort „Montagsauto"! Diese Lösungsvariante kommt daher vor allem dann in Frage, wenn der Kunde aus welchen Gründen auch immer gerade an diesem einen Stück Interesse hat, weil es zum Beispiel das letzte Modell in der Kollektion ist.

3. **Preisnachlass:** Juristisch bezeichnet man diese Lösung als „Minderung", der Kunde behält die gekaufte Ware, bekommt aber einen Teil seines Kaufpreises zurück, meist in Form von Gutscheinen oder Rabattzusagen für spätere Käufe. Diese Variante ist bei Unternehmen beliebt, da der Gutschein ein Anreiz für spätere Käufe seitens des Kunden ist. Trotzdem ist diese Lösung nur dort empfehlenswert, wo in den beiden vorhergehenden Phasen des Gesprächs abgeklärt wurde, dass der Kunde damit einverstanden ist. Ein unzufriedener Kunde kommt meist nicht wieder, auch mit dem schönsten Gutschein. Im Gegenteil, seine Mundpropaganda ist sicher negativ. Sollte er sich doch durch den Gutschein zu einem Folgekauf überreden lassen, ist die Wahrscheinlichkeit groß, dass er auch dann wieder sehr schnell zu einer Beschwerde greift, weil seine Erwartungshaltung an Ihr Unternehmen negativ geprägt ist.

4. **Wandlung:** Dabei wird der gesamte Kaufvertrag aufgehoben und rückgängig gemacht. Das ist noch schmerzlicher für den Verkäufer, da hier auch der ursprünglich schon getätigte (und verbuchte) Umsatz wieder wegfällt. Der Kunde verlässt ohne Ware das Unternehmen, nur ein unangenehmes Gefühl bleibt zurück. Diese Variante wird daher in den seltensten Fällen vom Unternehmen begrüßt. Trotzdem ist es manchmal im Sinne des Kunden, großzügig zu sein. Haben Sie im Moment Ihrem Kunden nichts Adäquates anzubieten, ist es besser, ihm nichts anderes „aufzuschwatzen", mit dem er dann doch nicht zufrieden ist. Da ist es besser, ihn auf die „Warteliste" zu setzen und zu kontaktieren, sobald Sie

wieder etwas für ihn im Angebot haben. Das schafft wesentlich mehr Kundenbindung als „Umsatz auf Teufel komm raus"!

5. **Eine kleine Aufmerksamkeit:** Sollte der Schaden nicht allzu groß oder nicht erheblich sein, kann eine kleine freundliche Geste seitens des Unternehmens im Sinne der Kundenbindung erfolgen: eine Einladung zu einem Kundenevent, ein Werbegeschenk, ein Gratiskaffee etc. Die Verteilung solcher Aufmerksamkeiten erfordert allerdings sehr viel Fingerspitzengefühl, da die Wirkung auf den Kunden nur dann positiv ist, wenn die Aufmerksamkeit auch wirklich geschätzt wird. Wer grundsätzlich keinen Alkohol trinkt, wird sich als „Wiedergutmachungsgeste" über einen Gratis-Schnaps nicht sehr freuen. Andererseits kann beim Kunden auch sehr schnell der Eindruck entstehen, Sie hätten schon jede Menge „Trostgeschenke" unter der Verkaufstheke, weil der Fall einer Beschwerde sehr häufig vorkommt. Er fühlt sich zu leicht beruhigt. Die Art und Weise, wie eine Aufmerksamkeit überreicht wird, entscheidet daher über Erfolg und positive Bewertung seitens des Kunden oder Misserfolg in Form von „schlechter Nachrede".

Es ist also alles andere als einfach, die geeignete Lösungsvariante für Ihren Beschwerdefall zu finden. Wichtig ist es jedoch, zu unterscheiden, ob Ihr Unternehmen eine, wenn auch noch so kleine Form der Schuld trifft. Sollte das der Fall sein, ist es von entscheidender Wichtigkeit, sich beim Kunden vollumfänglich zu entschuldigen. Außerdem sollten Sie dann auch mit der jeweiligen Rechtslage und den in Ihrem Unternehmen geltenden Spielregeln für solche Fälle vertraut sein.

- **Achten Sie auf die richtige Formulierung** (siehe Kapitel „Richtig formulieren"). Vermeiden Sie auch in dieser Phase möglichst Worte wie „Reklamation", „Beschwerde", „Problem". Formulieren Sie lieber positiv und lösungsorientiert.
  „In diesem konkreten Fall bieten wir ihnen an …"
- **Vermeiden Sie die Schuldzuweisung.** Es geht nach wie vor nicht darum, ob der Kunde, Sie, Ihr Kollege oder sonst wer Schuld hat. Es geht einzig und alleine um die Lösung, mit der beide Seiten zufrieden sind.
  „Aus Ihrer Sicht ist es vorteilhaft, wenn wir so vorgehen: "
- **Reagieren Sie auf Einwände** (siehe Kapitel „Professionelle Einwandtechniken"). Gerade in dieser Phase müssen Sie mit dem ein

oder anderen Einwand rechnen. Nehmen Sie es als positives Zeichen. Der Kunde ist auf der Suche nach einer für ihn akzeptablen Lösung, sonst hätte er das Gespräch schon beendet. Besser, er konfrontiert Sie mit seinen Bedenken als später sein Umfeld. So können Sie darauf reagieren und seine Einwände entkräften. Beleiben Sie daher ruhig und nehmen Sie diese Kritik seitens des Kunden nicht persönlich. Wer sich vor Einwänden – sichtbar – fürchtet, hat schon verloren.

„Gut, dass Sie das noch erwähnen …"

- **Sichern Sie schnelle Abhilfe zu.** Nicht immer lässt sich jedes Problem sofort und vor Ort lösen. Manchmal ist es für alle Beteiligten besser, keine „Schnellschüsse" anzubieten. Was der Kunde jedoch erwartet, ist ein klares Statement, was Sie demnächst zu tun gedenken und wann er mit einer Lösung rechnen kann. Geben Sie ihm daher eine zeitliche Angabe, bis wann es soweit sein wird.

  Es ist nicht immer leicht, den Zeitpunkt richtig anzugeben. Wählen Sie einen zu knappen Zeitpunkt, können Sie ihn womöglich nicht einhalten. Wählen Sie den Zeitpunkt aus Sicherheitsgründen zu weit in der Zukunft, kann der Kunde erneut sehr unzufrieden reagieren. Empfehlenswert ist es daher, stets einen Zeitraum und keinen Zeitpunkt zu nennen: *„Ich werde Sie zwischen dem 19.5. und dem 23.5. verlässlich kontaktieren."*

- **Versprechen Sie nur, was Sie auch halten können**. Der kundenorientierte Blickwinkel kann leicht dazu verleiten, im Sinne des Kunden zu viel zu versprechen. Sagen Sie dem Kunden nur das zu, was Sie auch intern vertreten können. Sind Sie sich dessen nicht sicher, klären Sie das lieber ab und sagen sie das auch Ihrem Kunden – aber bitte ohne Konjunktiv!

  „Ich werde diese Lösung mit meinem Vorgesetzten, Herrn Dr. Müller, abklären und gebe Ihnen morgen verlässlich Bescheid."

Phase 4: Positiver Ausstieg als Neuanfang

Ist die passende Lösung gefunden, darf der Kunde keinesfalls das Gefühl bekommen, Sie möchten ihn aus lauter Erleichterung und Erschöpfung über die erbrachte Leistung so rasch wie möglich loswerden. Nur ein ordnungsgemäß zu Ende gebrachtes Gespräch sichert einen nachhaltigen Erfolg.

- **Stellen Sie Zustimmungsfragen.** Holen Sie sich zum Abschluss unbedingt noch einmal eine Zustimmung vom Kunden. So erkennen Sie, ob er mit der Lösung wirklich zufrieden ist. Sagt er klipp und klar „Ja", können Sie davon ausgehen. Sagt er jedoch „Ja, aber …", gilt es, nochmals nachzuhaken. Haben Sie etwas übersehen oder überhört? Viele Kunden wollen die auch für sie nicht angenehme Beschwerdesituation rasch beenden und sind dafür zu Zugeständnissen bereit, die sie nachher bereuen oder die sie nur schwer vor den jeweiligen internen Entscheidungsträgern – egal, ob Chef oder Ehefrau – vertreten können. Diese inneren Zweifel äußern sich in dem „Aber".
  „Ist diese Lösung so für Sie in Ordnung?"
- **Bedanken Sie sich nochmals.** Machen Sie nochmals deutlich, wie wichtig solche Hinweise für Ihr Unternehmen sind und bedanken Sie sich bei der Mithilfe des Kunden. So machen Sie ihm nochmals deutlich, dass Sie alle in einem Boot sitzen und entlassen ihn als „Verbündeten" statt als Gegner.
  „Danke, dass Sie sich Zeit genommen haben. Ihre Mithilfe ist entscheidend, um unsere Leistung in Zusammenhang mit … zu verbessern."
- **Sprechen Sie das Vertrauen an.** Betonen Sie, wie wichtig für Ihr Unternehmen das Vertrauensverhältnis zu Ihren Kunden ist. Vertrauen ist die wichtigste Basis für eine weitere Geschäftsverbindung. Eine professionell und zur Zufriedenheit des Kunden erledigte Beschwerde kann dieses Vertrauensverhältnis eindeutig erhöhen. Erinnern Sie sich noch an unser Waschmaschinenbeispiel aus der Einleitung?
- **Übertreiben Sie nicht.** Wer jetzt in Selbstgefälligkeit über die toll gelöste Beschwerde verfällt, greift leicht zu übertriebenen Formulierungen, ganz nach dem Motto. „Na, wie hab ich das wieder hingekriegt? Da staunen Sie was?" Solche Äußerungen hinterlassen beim Kunden einen schalen Nachgeschmack. Vermeiden Sie auch jede Form von Floskeln. So machen Sie den Erfolg, den Sie sich mühsam erarbeitet haben, schnell wieder zunichte! Ein einfaches „Danke" und ein passender Gruß sind da wesentlich nachhaltiger.

Überzogene Forderungen und persönliche Beleidigungen – Grenzen setzen im Beschwerdegespräch

Nicht immer verläuft ein Beschwerdegespräch nach „Plan". Egal, ob Sie durch das Verhalten den Kunden noch mehr verärgert haben oder ob in seiner Sphäre Gründe dazu geführt haben – es kann durchaus passieren, dass der Beschwerdeführer plötzlich die Grenzen geordneter und fairer Gesprächsführung verlässt.

> „Ich finde das unerhört, ich sage Ihnen, wenn Sie mir nicht den gesamten Urlaub mit allen Kosten ersetzen, bring ich Sie in die Zeitung!"

> „Sie sind absolut das Unfähigste, was mir je begegnet ist! Leute wie Sie sollte man kündigen!"

Egal, ob es sich um Drohungen, weit überzogene Forderungen oder unfaire persönliche Beleidigungen handelt: Es fällt nicht leicht, in solchen Situationen Ruhe zu bewahren und weiter professionell zu reagieren.

Wichtig ist es jedoch, stets zu erkennen, was hinter diesem Verhalten steckt. Kunden, die drohen, laut werden und unfair agieren, sind meist nicht ganz so selbstsicher, wie sie zunächst erscheinen. Hinter der Fassade der Aggression verbirgt sich oft ein großer Zweifel, ob die Strategie erfolgreich sein wird. Doch manch einer hat gelernt, dass lautes Auftreten durchaus zum Erfolg führt, weil der andere nicht hinter die Fassade schaut.

Doch wie soll ich auf einen dermaßen wütenden Kunden reagieren? Ihm sicherheitshalber Recht geben, damit er sich nicht weiter aufregt?

Seinen Forderungen nachkommen, um ihn möglichst schnell wieder loszuwerden?

Diese Taktiken sind nur kurzfristig erfolgreich. Der Kunde lernt nur einmal mehr, dass Drohen und Schimpfen zum Erfolg führt. Folgendes können Sie probieren:

- **Atmen Sie zunächst einmal tief durch.** Auch hier gilt der Grundsatz: Selbst wenn der Kunde persönlich beleidigend wird, meint er nicht Sie als Person. Jeder andere Mitarbeiter an Ihrer Stelle würde wohl das gleiche Fett abbekommen. Diese Erkenntnis mildert zwar nicht den Angriff als solches, hilft Ihnen aber, leichter und vor allem distanzierter damit umzugehen.
- **Ist die Beschwerde gerechtfertigt?** Unabhängig vom Ton und der Verpackung der Beschwerde: Es gilt zunächst abzuklären, ob die Be-

schwerde gerechtfertigt ist oder nicht. Das weitere Vorgehen richtet sich vor allem danach. Bei einer berechtigten Beschwerde stehen dem Kunden die dabei üblichen Entschädigungen zu, egal, wie schlecht er sich „benimmt".

- **Weg von der Bühne!** Manche tobenden Kunden fühlen sich nur dann wohl, wenn sie auch entsprechend Aufmerksamkeit rundum bekommen. Wie bei einem Bühnenauftritt verleiht die Zuseher- und Hörerschaft Energie. Nehmen Sie daher so einen Kunden weg von seiner Bühne, bitten Sie ihn nach Möglichkeit in ein Nebenzimmer. Da beruhigt er sich meist rascher und Sie fühlen sich nicht zusätzlich auch noch unter Beobachtung aller anderen Anwesenden. Sollte das jedoch aus irgendeinem Grund nicht möglich sein, ist das auch halb so wild. Denn je unflätiger Ihr Kunde schimpft, umso mehr identifizieren sich die Beobachter mit Ihnen. Wenn Sie dann auch noch sachlich und professionell reagieren, sammeln Sie die Pluspunkte und nicht der unfaire Angreifer.

  „Darf ich Sie in unser Besprechungszimmer bitten, da können wir die Angelegenheit in Ruhe klären."

- **Sprechen Sie den Kunden mit Namen an.** Die Wirkung des Namens hilft in solchen Situationen. Sie erhalten die Aufmerksamkeit des anderen, er unterbricht zumindest kurz seine Tiraden, wenn er seinen Namen hört. Außerdem wird er aus seiner vermeintlichen Anonymität gerissen: Jeder Umstehende weiß jetzt, dass es der Herr Hitzig ist, der sich da so aufregt! Beobachten Sie, ob das bei Ihrem Kunden wirkt.

  „Herr Hitzig, darf ich Sie bitten, Platz zu nehmen."

- **Notieren Sie weiter mit und sagen Sie es dem Kunden auch.** So beweisen Sie Ruhe und Sachlichkeit. Es geht Ihnen ja um die Klärung der Sachlage, und das unterstreichen Sie durch Ihr Handeln. Abgesehen davon ist es dem Kunden vielleicht nicht ganz so angenehm, wenn seine Worte schriftlich protokolliert werden …

- **Vermeiden Sie unsichere Formulierungen.** Gerade jetzt gilt es, Sicherheit und Rückgrat zu beweisen. Weichen Sie verbal nicht vor aggressiven Kunden zurück! Bleiben Sie höflich und korrekt, aber bestimmt in Ihrer Wortwahl.

  „Ich zeige Ihnen gerne unser Prüfverfahren. Ich ersuche Sie, mitzukommen!"

- **Sprechen Sie bewusst leise und langsam.** So unterbrechen Sie den Kreislauf von immer lauter werdenden und maschinenfeuerartigen Dialogen. Mit etwas Glück überträgt sich Ihre Ruhe auch auf den Gesprächspartner. Wenn nicht, hilft Ihnen diese bewusst leisere und langsamere Sprechart, selbst die Ruhe zu bewahren.

- **Entschuldigen Sie sich im Namen des Unternehmens.** Das verleiht Ihrer Aussage mehr Nachdruck, als wenn Sie sich nur im eigenen Namen entschuldigen. Erwähnen Sie notfalls auch den Namen Ihres Vorgesetzten, vor allem dann, wenn der Kunde damit droht, sich an höherer Stelle beschweren zu wollen. So zeigen Sie keine Furcht vor diesem Schritt und sagen auch dazu, dass Sie Ihren Vorgesetzten informieren werden.

  „Wir entschuldigen uns für den Ihnen entstandenen Ärger. Ich werde auch meine Vorgesetzte, Frau Haupt, informieren."

- **Bieten Sie von sich aus ein Gespräch mit einem Vorgesetzten an.** Manch aufgebrachter Kunde beruhigt sich, wenn das Gespräch eine Stufe höher stattfindet. Er hat sein Bedürfnis nach Aufmerksamkeit befriedigt und ist dann möglicherweise bereit, auf einen konstruktiven Vorschlag einzugehen.

  „Gerne biete ich Ihnen ein Gespräch mit Herrn Freund, unserem Verkaufschef, an. Er klärt dann alle weiteren Schritte mit Ihnen ab. Ich werde ihn auch vorinformieren."

- **Keine Angst vor Drohungen.** Zeigen Sie keine Angst vor etwaigen weiteren Schritten des anderen. Die meisten Kunden, die mit Presse, Öffentlichkeit Internetforen etc. drohen, lassen dieser Ankündigung selten auch Taten folgen. Meist handelt es sich dabei lediglich um Einschüchterungsversuche.

- **Stellen Sie den Kunden nicht bloß.** Auch, wenn Sie dem Kunden klar beweisen können, dass er im Unrecht ist, hilft es Ihnen wenig, wenn Sie ihn als Revanche bewusst bloßstellen. Erkennt er sein Unrecht, macht ihn das möglicherweise noch aggressiver und emotionaler. Bleiben Sie sachlich und warten sie ab, bis sich der erste Sturm gelegt hat.

  „Klären wir gemeinsam die Sachlage: Wann ist der Fehler genau aufgetreten?"

- **Vertagen Sie das Gespräch.** Ist Ihr Kunde so aufgebracht, dass eine sachliche Lösungsfindung im Moment nicht möglich ist, verschieben

Sie das Gespräch nach Möglichkeit auf einen späteren Zeitpunkt. Machen Sie auch unmissverständlich klar, dass Sie erst bereit sind, das Gespräch weiterzuführen, wenn persönliche Untergriffe unterbleiben.

„Im Sinne einer sachlichen Lösung schlage ich vor, das Gespräch zu einem späteren Zeitpunkt fortzuführen. Ich bitte um eine angemessene Gesprächsführung ohne persönliche Beleidigungen."

- **Setzen Sie Grenzen!** Nicht jede Äußerung des Kunden müssen Sie hinnehmen. Kundenorientierung hat aus unserer Sicht dort seine Grenzen, wo der korrekte Ton nicht mehr vorhanden ist. Es ist Ihr gutes Recht, ein Gespräch auch einmal ohne Ergebnis abzubrechen, wenn sich der Gesprächspartner wiederholt im Ton vergreift. Niemand muss sich beschimpfen lassen!

„Ich sehe, dass im Moment eine sachliche Gesprächsführung nicht möglich ist. daher beende ich das Gespräch und schlage vor …!"

Je klarer Ihre internen Richtlinien im Fall einer Beschwerde sind, umso leichter können Sie sich auch auf diese Richtlinien berufen. Dem Kunden muss durchaus klar sein, dass in Ihrem Unternehmen klare Spielregeln vorhanden sind und Sie nicht erpressbar sind. Gerade auch im Sinne Ihrer anderen Kunden wäre es sonst ungerecht, einem besonders lauten und unverschämten Kunden mehr Rechte einzuräumen als einem netten, kompromissbereiten. Gutes Beschwerdemanagement heißt nicht, alle auch noch so unverschämten Forderungen eines Kunden zu erfüllen.

3. Beschwerde- kommunikation am Telefon

Achten Sie beim Beschwerdegespräch am Telefon auf Ihren inneren und äußeren Standpunkt.

Die meisten Beschwerden erreichen uns via Telefon. Das hat aus der Sicht des Kunden seine guten Gründe:

- Er gelangt rasch und unkompliziert an die richtige Stelle.
- Er hat keinen Zeitverlust auf Grund von Wegzeiten.
- Er muss sich nicht persönlich mit dem „Gegner" konfrontieren, kann in seinem gewohnten Umfeld bleiben.
- Er erhofft sich eine schnelle Problemlösung.
- Er muss nicht den Aufwand einer schriftlichen Darstellung der Sachlage wie bei Brief und E-Mail auf sich nehmen.
- Er kann das Gespräch jederzeit unterbrechen, fühlt sich dem Druck eines überzeugenden Verkäufers nicht so ausgesetzt.

Das Telefon ist daher ein sehr wichtiges Medium, wenn es um die professionelle Behandlung einer Beschwerde geht. Grundsätzlich erfolgt dabei die Kommunikation in Gesprächsform und daher gelten auch die gleichen Richtlinien wie beim persönlichen Gespräche (siehe Kap. 2). Trotzdem hat das Telefon als Kommunikationsmedium mit dem Kunden auch seine eigenen Gesetze. Auf diese Besonderheiten wollen wir im Folgenden näher eingehen.

Der Gesprächseinstieg

Beschwerden am Telefon treffen Sie meist völlig unvorbereitet. Sie sind gerade mit einer wichtigen Tätigkeit beschäftigt und mit Ihren Gedanken ganz woanders. Da läutet das Telefon und Sie sind plötzlich mit einer verärgerten Stimme konfrontiert, womöglich sogar mit Beschimpfungen. Da ist es nicht leicht, sofort auf Kundenorientierung und Professionalität umzuschalten. Doch wie schon im persönlichen Gespräch ist auch hier der erste Eindruck entscheidend. Wer in den ersten Augenblicken dem Anrufer zu verstehen gibt, dass er unerwünscht ist und ein momentanes Ärgernis darstellt, wird es schwer haben, dieses Gespräch wieder auf Schiene zu bringen.

- Atmen Sie einmal tief durch.
- Sollten gerade auch andere Kunden in Ihrer Umgebung stehen: Lächeln Sie die Personen vor Ihnen entschuldigend an – sie werden, so es sich nicht um die Kategorie absolute Unmenschen handelt, Ihre Situation erfassen und sich in Geduld fassen.

- Verabschieden Sie sich von dem Gedanken, alles zugleich und ohne Fehler erledigen zu können. Sobald Sie den Hörer abheben, gehört Ihre volle Aufmerksamkeit dem Anrufer.
- Lassen Sie den Anrufer nie länger warten als ein dreimaliges Läuten. In manchen Unternehmen gilt auch schon die Regel, das Telefon maximal zweimal läuten zu lassen, bevor abgehoben werden muss. Sollte aufgrund von Überlastung das rasche Melden nicht möglich sein:
  – Umleiten zur Telefonzentrale oder zu einem der anderen Mitarbeiter
  – Einsatz einer persönlichen Mailbox, auf der der Anrufer seinen Wunsch oder seine Bitte um Rückruf deponieren kann
- Achten Sie am Anfang auf den Namen des anderen!
  Fragen Sie sofort nach, wenn Sie den Namen nicht gehört haben. Klären Sie die Ungewissheit möglichst gleich.
  „Wie schreibt sich Ihr Name genau? Ich möchte gerne die wichtigen Punkte mitnotieren!"
- Ersuchen Sie um ein Buchstabieren als Hilfe. Notfalls buchstabieren Sie (siehe Buchstabiertabellen im Anhang).
- Ist Buchstabieren nicht möglich, wiederholen Sie, was Sie gehört haben. Sollten Sie den Namen falsch wiederholen, wird der Anrufer Sie verbessern. Niemand lässt seinen Namen gerne falsch im Raum stehen!

Auch das folgende Problem taucht gerade im Verkauf immer wieder auf: Während sich Ihnen ein Kunde erwartungsvoll nähert, läutet gleichzeitig auch noch das Telefon. Was sollen Sie zuerst tun? Abheben und den Kunden vor Ihnen warten lassen? Oder das Telefon einfach läuten lassen?

Vorrang hat grundsätzlich das Telefon – denn der Anrufer kann im Unterschied zu den vor Ihnen stehenden Kunden die Stress-Situation nicht erkennen. Für ihn entsteht der Eindruck, in Ihrem Unternehmen ist niemand mehr anwesend. Das heißt jedoch nicht, dass Sie ein langes Telefonat führen sollten. Heben Sie ab, melden Sie sich professionell und fragen Sie den Anrufer nach seinem Anliegen. Besonders, wenn es sich um eine Beschwerde handelt, bieten Sie ihm einen Rückruf an, den Sie dann in Ruhe erledigen.

Korrektes Melden und die richtige Begrüßung

Ein gutes Kundengespräch – und damit auch ein erfolgreiches Beschwer-degespräch – beginnt schon beim Abheben. Bedenken Sie immer, dass sich gerade in den ersten drei Sekunden dieser nachhaltige erste Eindruck bil-det. Wer da seine Chancen verpasst, der muss das verlorene Terrain nach-her mühsam wieder zurückgewinnen!

Fehler Nummer 1:	Schon zu sprechen beginnen, während der Hörer noch weit von Mund und Ohr entfernt ist
Fehler Nummer 2:	Undeutliches und rasches Aussprechen des eigenen Namens bzw. des Firmennamens
Fehler Nummer 3:	Alleinige Nennung des Firmennamens – man wird so zum „unpersönlichen Repräsentanten" seines Unternehmens. Der erste Eindruck fällt aber meist positiver aus, wenn der andere auch weiß, dass er ei-nen Gesprächspartner mit Namen am anderen Ende hat! Besonders im Beschwerdefall will der Kunde nicht auch noch nachfragen, ob er hier richtig ist und mit wem er spricht.
Fehler Nummer 4:	Statt eines Lächelns begleitet ein unterdrückter Seufzer die ersten Worte am Telefon! Der andere merkt sofort Ihre Stimmung und lässt sich davon be-einflussen!
Fehler Nummer 5:	Bei der Begrüßung wird der andere nicht mit seinem Namen angesprochen! Genauso wie der Gesprächs-partner Ihren Namen kennen will, möchte er auch selbst das Gefühl haben, dass Sie ihn als Mensch wahrgenommen haben – das merkt er am deutlichs-ten, wenn Sie ihn mit seinem Namen ansprechen!

Wie Sie sich am Telefon melden, hängt häufig von Ihrer Unternehmensvor-gabe ab. Sollte Ihre „Begrüßungsformel" allerdings zu lang und künstlich klingen („Guten Morgen, Firma Leicht & Seicht – Ihr Beratungsprofi, mein Name ist Hanna Müller-Meierhuber, herzlich willkommen, was kann ich für Sie tun?"), ist die Gefahr groß, dass ein verärgerter Anrufer noch emotiona-ler wird. Er will nicht warten, bis Sie Ihr langes, einstudiertes und damit un-echt klingendes Sprüchlein runtergespult haben. Er will sein Anliegen so-fort und ohne Verzögerung loswerden. So viel Freundlichkeit schiebt den Kunden gerade zu weg und wirkt daher vom ersten Moment an negativ auf den Kunden. Er will einen Menschen als Gesprächspartner und keine noch so gut eingestellte Maschine.

Stimme macht Stimmung – besonders am Telefon

Am Telefon spiegeln hauptsächlich Ihr Tonfall und Ihre Stimmlage die Gefühle wider, die Sie im Moment haben. Aus diesen „Informationsquellen" bezieht der Gesprächspartner seinen Eindruck. Eine gepresste, schrille Stimme vermittelt am anderen Ende kein Wohlbefinden und steigert die vorhandene Aggression noch. Natürlich bekommt nicht jeder die perfekte Telefonstimme in die Wiege gelegt oder hat eine Schauspielausbildung mit Stimmtraining hinter sich. Aber trotzdem können Sie Ihre „Stimmlage" beim Telefonieren verbessern, wenn Sie auf einige einfache Tipps achten:

Tipps für Ihre Telefonstimme

☞ **Die richtige Haltung:** Setzen Sie sich beim Telefonieren aufrecht hin! Sie können so den gesamten Brustkörper als „Resonanzkörper" für Ihre Stimme nutzen.

☞ **Die richtige Atmung**: Atmen Sie vor dem Telefonat tief durch. Achten Sie wieder bewusst auf die Bauchatmung. Sie vermeiden damit, dass Ihnen bald „die Luft ausgeht" und Ihre Stimme gepresst klingt.

☞ **Tiefere Stimmen klingen kompetenter:** Wenn Sie auf die beiden ersten Punkte achten, klingt Ihre Stimme automatisch tiefer. Unterstützen Sie diesen Effekt, indem Sie bewusst eine Spur tiefer sprechen.

☞ **Nimm dir Zeit!** Sprechen Sie nicht zu rasch! Die Nervosität bei einem heiklen Beschwerdegespräch beflügelt meist die Stimme und der Gesprächspartner merkt, dass der andere das Gespräch am liebsten so schnell wie möglich hinter sich bringen will. Das gibt dem Beschwerdeführer unbewusst „Rückenwind".

☞ **Die richtige Sprechtechnik:** Betonen Sie bewusst und achten Sie auf Satzzeichen, indem Sie mit der Stimme hinauf- bzw. hinuntergehen. Machen Sie Pausen.

- ☞ **Die richtige Hörerhaltung:** Halten Sie den Hörer so nahe wie möglich an den Mund. Ihre Stimme kommt damit möglichst unverfälscht durch die Leitung, Sie müssen nicht so laut sprechen und wirken selbstsicherer!

- ☞ **Lächeln Sie – der andere hört es!** Aber bitte lächeln Sie nur dann, wenn Sie auch einigermaßen dazu fähig sind. Ein übertriebenes Lächeln wirkt alles andere als freundlich, auch übers Telefon!

Zusatztipps für das Beschwerde-Telefonat

- **Telefonieren Sie aktiv**

  Wenn Sie beim nächsten Beschwerdetelefonat genau darauf achten, werden Sie feststellen, wie viel Sie aus der Art und Weise, wie der andere spricht, heraushören können.

  Auch wenn der andere Sie nicht sehen kann, ist das kein Grund, Ihre normalen Sprechgewohnheiten zu ändern. Gestikulieren Sie ruhig mit Händen und Füßen – die Lebendigkeit kommt auch durchs Telefon. Schreiben Sie von Anfang an mit, genau wie in einem persönlichen Beschwerdegespräch. Der Kunde merkt es und fühlt sich ernst genommen. Aktives Zuhören ist auch und gerade am Telefon die wichtigste Basis eines erfolgreichen Beschwerdegesprächs.

- **Achten Sie auf Ihren Standpunkt**

  Wenn Sie im Stehen telefonieren, achten Sie dabei auf einen festen Stand. Beide Beine sollen dabei fest am Boden stehen. Achten Sie auf Ihre aufrechte Haltung. Ein körperlich fester Stand gibt Ihnen auch eine feste innere Haltung und mehr Überzeugungskraft – gerade für schwierige Gespräche. Wenn Sie im Sitzen telefonieren: Nützen Sie die gesamte Sitzfläche Ihres Stuhls aus, setzen Sie sich aufrecht hin – eine aufrechte, selbstbewusste Haltung verleiht nicht nur Ihrer Stimme mehr Nachdruck, sie gibt Ihnen auch innere Sicherheit und unterstreicht Ihren Standpunkt.

- **Der richtige Zeitpunkt**

  Eines der Hauptprobleme mit dem Telefon ist die Tatsache, dass es immer genau dann läutet, wenn man gerade bei einer anderen Tätigkeit ist. Es unterbricht oft unsere Gespräche, unsere Gedanken, unsere Arbeit. Doch gerade ein verärgerter Anrufer möchte nicht die Botschaft zwischen den Wörtern heraushören: „Sie stören mich, rufen Sie doch später an!" Ist der Zeitpunkt für ein professionell geführtes Beschwerdegespräch für Sie ungünstig, bieten Sie unbedingt lieber einen Rückruf an. Betonen Sie dabei aber den Nutzen des Kunden: Er und sein Anliegen stehen im Zentrum, nicht Ihre Zeitprobleme! Erkundigen Sie sich nach dem richtigen Zeitpunkt für einen Rückruf, das verleiht Ihrer Absicht, verlässlich zurückzurufen, mehr Nachdruck: *„Frau Merker, darf ich Sie zurückrufen, damit wir für diese wichtige Sache genügend Zeit haben. Wann ist es heute nach 13:00 Uhr für Sie günstig?"*

- **Hintergrundgeräusche**
  Hintergrundgeräusche werden am Telefon sehr genau beachtet. Wir sehen die Umgebung des Gesprächspartners nicht, wir sind auf die akustischen Informationen angewiesen. Und da ordnen wir eben zu: Gläserklirren bedeutet feuchtfröhliches Feiern, Radiomusik legt uns die Vermutung nahe, dass da nicht gearbeitet wird, sondern alle in fröhlicher Freizeitstimmung den Tag verbringen. In manchen Unternehmen, besonders auch in Großraumbüros, herrscht oft hektisches Treiben und ein damit verbundener hoher Lärmpegel. Weichen Sie daher mit einem Beschwerdetelefonat lieber in einen Nebenraum aus. So vermeiden Sie auch unliebsame Zuhörer. Wartende Kunden zum Beispiel haben ja gerade Zeit und meist auch genügend Neugier, um den Beschwerden eines Anrufers und Ihren Versuchen, ihn zu beschwichtigen, zu lauschen und nicht selten falsche Schlüsse aus dem Gehörten zu ziehen.

- **Mitschreiben am PC**
  Während eines Beschwerdegesprächs ist es häufig üblich, gleich die entsprechenden Kundendaten auf den Bildschirm zu holen oder in das CRM-System einzutragen. Das verursacht ein unüberhörbares Tipp-Geräusch am Telefon. Doch aus irgendeinem Grund assoziieren wir ein Tastatur-Geräusch meist automatisch mit der Annahme, der Gesprächspartner würde gerade mit einer anderen Tätigkeit am PC beschäftigt sein. Informieren Sie Ihren Anrufer daher, was Sie tun. So entsteht erst gar nicht das Gefühl beim Beschwerdeführer, er würde nicht Ihre volle Aufmerksamkeit haben!
  „Ich sehe sofort im Computer nach, dann können wir gemeinsam klären, wie die Abwicklung Ihres Auftrages erfolgt ist."

- **Unterbrechen Sie nur, wo unbedingt notwendig**
  Sicherlich bekommen Sie von Ihren Beschwerdeführern immer wieder die gleichen Behauptungen und Fragen zu hören. Das kann

ganz schön nerven und die Versuchung ist groß, einfach zu unterbrechen, weil Sie meist genau wissen, was der Kunde meint. Doch gerade bei einem aufgebrachten Anrufer ist es notwendig, nicht zu unterbrechen. Jede Unterbrechung empfindet der Anrufer als unangenehm.

Lassen Sie daher Ihren Gesprächspartner am Telefon grundsätzlich aussprechen. Unterbrechen Sie nur, wenn unbedingt notwendig, um die Sache zu klären. Dabei kommt es auch auf die Formulierung an. Wenn Sie ihm ein barsches „Ich weiß schon genau, was Sie meinen!" sagen, ist das wie die berühmte Falltür. Besser ist es, den anderen mit einer Frage zu unterbrechen, das wirkt wesentlich weniger hart. Und übersehen Sie möglichst nicht, auch seinen Namen dazu zu nennen.

„Herr Meier, habe ich Sie richtig verstanden, es geht um Ihre Bestellung vom 27.5. Darf ich Ihnen dazu noch ein paar klärende Fragen stellen?"

- **Vorsicht mit den Tücken der Technik**
Was ein Beschwerdeführer absolut nicht hören will, ist der Satz: „Warten Sie bitte kurz, ich habe jemanden anderen in der Leitung" Vermeiden Sie das „Jonglieren" von zwei parallelen Telefongesprächen – Sie wirken unkonzentriert und geben beiden Anrufern das Gefühl, sie nicht wichtig genug zu nehmen. Denn nichts stört einen Beschwerdeführer mehr, als plötzlich sein Anliegen nicht mehr weiter besprechen zu können. Versetzen Sie sich in die Lage Ihres ersten Gesprächspartners – wer ein Problem hat, will es gelöst haben! Vermeiden Sie es auch, mit der Hand den Hörer oder das Mikro abzudecken. Das verursacht unangenehme Störgeräusche. Abgesehen davon kann es passieren, dass der Anrufer doch hört, was Sie zum Kollegen sagen: „Du, das ist einer dran, der regt sich fürchterlich auf über so eine Kleinigkeit!" Es wird wohl ganz schwer, diesen aufgebrachten Kunden wieder zu beruhigen.

- **Weniger ist mehr**
Verpacken Sie nie zu viele Informationen in einen Satz. Mehr als drei Sätze sollen Sie nicht auf einmal sagen, dann sollte wieder der Gesprächspartner zu Wort kommen. Sonst fühlt er sich rhetorisch an die Wand gedrängt und außerdem kann er nicht zu viele Informationen auf einmal aufnehmen. Wichtiges kann damit verlorengehen.

- **Sprechen Sie in Bildern**
  Für Menschen, deren Wahrnehmung eher visuell geprägt ist, ist es sehr schwer, alle Informationen nur übers Ohr geliefert zu bekommen. Je mehr Beispiele Sie bringen, umso leichter sind auch komplizierte Sachverhalte zu transportieren.

Beim Telefongespräch sind sämtliche vorher angeführten Formulierungsregeln, die richtige Fragetechnik, aktives Zuhören und die professionelle Einwandtechnik die Basis zum Erfolg.

Beenden des Telefongespräches

Die Art und Weise, mit einer Beschwerde umzugehen und einen kritischen Kunden zu überzeugen, ist am Telefon gleich wie im persönlichen Gespräch. Oft jedoch wird zunächst ein späterer Zeitpunkt vereinbart oder ein weiterer Schritt. Nicht immer ist also eine Lösung via Telefon gleich möglich. Sind Sie daher nicht zu enttäuscht, wenn sich nicht immer schnelle Erfolge einstellen. Manchmal braucht es eben etwas mehr Geduld, um ein Kundenanliegen positiv zu erledigen.

- Nehmen Sie Rückrufe ernst. Vereinbaren Sie fixe Termine für den Rückruf, auch wenn es zum Beispiel um den Rückruf des Chefs geht.
  „Ich richte meinem Chef aus, dass er Sie zurückruft. Wann kann er Sie erreichen? ... Gut, dann wird er Sie morgen zwischen 15:00 Uhr und 16:00 Uhr zurückrufen!"

- Fassen Sie am Schluss eines Beschwerde-Telefonats zusammen, zu welchen Ergebnissen Sie gemeinsam gelangt sind. Holen Sie sich dazu eine Zustimmung des anderen.

- Kontrollieren Sie, ob Sie alle wichtigen Fakten schriftlich festgehalten haben. So vermitteln Sie Kompetenz und Sicherheit und können den Fall weiterbearbeiten.

- Manchmal ist es hilfreich, wichtige Fakten, Zusatzinformationen oder die wesentlichen vereinbarten Punkte per E-Mail an den Beschwerdeführer zu senden. So beweisen Sie Professionalität und Sie sind der Lösung einen Schritt näher.

Danken Sie für das Gespräch und verabschieden Sie sich genauso freundlich und mit einem Lächeln wie bei der Begrüßung. Denn auch am Telefon zählt der letzte Eindruck!

4. Die schriftliche Beschwerde

Ihre schriftliche Antwort kann vervielfältigt, auf Knopf-
druck versendet und damit weiterbearbeitet werden!

Wer seine Beschwerde schriftlich äußert, nimmt wesentlich mehr Mühe auf sich, als einfach zum Hörer zu greifen. Er muss sich genau überlegen, was in den Brief hinein soll, welche Formulierungen er wählen soll und wie er seine Forderung nach Wiedergutmachung gestaltet. Das erfordert mindestens eine halbe Stunde Arbeit, meist wesentlich mehr. Was bewegt einen unzufriedenen Kunden dazu, diesen Beschwerdeweg zu wählen?

- Das Anliegen ist ihm so wichtig, dass er ihm mehr Nachdruck verleihen will.
- Er will vermeiden, mit ein paar schönen Worten „abgespeist" zu werden.
- Er will seine Beschwerde schriftlich dokumentiert haben – mit allen Rechtsfolgen.
- Er will sicherstellen, dass er gleich bei der Geschäftsleitung mit seinem Anliegen landet.
- Er kann sein Beschwerdeschreiben von anderen „Probe lesen" lassen und somit auch andere Meinungen einholen, anderes Wissen nützen.
- Er sieht den schriftlichen Weg als seine letzte Chance an, sein Ziel (meist Wiedergutmachung) zu erreichen.

Die schriftliche Beantwortung von Beschwerden ist daher aus unserer Sicht im heutigen Geschäftsleben eine heikle Sache – einerseits steht das gute Image Ihres Unternehmens auf dem Spiel, da ein Brief, mit dem Sie auf eine Beschwerde antworten, einen Multiplikationseffekt hat. Er wird im Umfeld des Beschwerdeführers hergezeigt und kann auch an anderen Stellen landen (Konsumentenschutz, Medien etc.) Andererseits kommt einer Beschwerde in Briefform eine andere rechtliche Relevanz zu als einer „nur" mündlich geäußerten Beschwerde.

Ihr Unternehmensimage prägt Ihre Akzeptanz beim Kunden. Denn selbst wenn ein Fehler passiert ist (was vorkommen kann und meist aus der Welt zu schaffen ist), ist es wichtig, wie Sie als Unternehmen oder als Person damit umgehen. Das merkt sich Ihr Kunde – nicht die zehn problemlosen Kontakte all der Jahre davor. Darüber hinaus kann er Ihre schriftliche Antwort mehrfach kopieren oder veröffentlichen.

Vom rechtlichen Standpunkt her ist Ihre Beschwerdebeantwortung mit Vorsicht zu verfassen, sodass Ihre Antwort weder als ein Zugeben von Fehlern (wenn keine vorliegen) gewertet werden kann noch ein Regressanspruch daraus abgeleitet werden könnte. Darüber hinaus können jede Beschwerdebeantwortung und deren Verlauf als Beweis vor Gericht dienen. Wir empfehlen Ihnen daher, aus dem Schriftverkehr mit dem Kunden keine Beschwerde zu machen, wenn nicht der Kunde sie als solche tituliert hat. Bitte vergewissern Sie sich auch, dass der relevante Zeitpunkt oder Zeitraum der Beschwerde in Ihrem Schreiben exakt angeführt wird. Gerade im Beschwerdefall können sich die Dinge übereilen, sodass stets klar aus Ihrer schriftlichen Antwort hervorkommen muss, wann genau welche Handlung erfolgt ist.

Behandeln Sie daher jede schriftliche Beschwerde mit absoluter A-Priorität. Achten Sie darauf, dass ein Beschwerdebrief auch nicht bei einem Mitarbeiter im Ablagefach verschwindet. Untersuchungen ergeben immer wieder, dass bis zu 50 % aller schriftlichen Erstbeschwerden unbeantwortet bleiben – wohl in der Hoffnung, die Beschwerde würde sich von alleine erledigen und der große Arbeitsaufwand einer ordnungsgemäßen Behandlung würde den Mitarbeitern des Unternehmens erspart bleiben. Erst wenn rechtliche Instanzen eingreifen, wird reagiert. Doch dann ist es oft für eine gütliche Einigung zu spät.

Was Sie bei der schriftlichen Beschwerde-beantwortung beachten sollten

1. Erstkontakt

Nehmen Sie bei sehr ernsten Fällen innerhalb von 24 Stunden ab Erhalten des Beschwerdebriefes telefonischen Erstkontakt mit dem Beschwerdeführer auf, sofern Sie die Telefonnummer eruieren können. Dafür ist eine Erstabklärung der Sachlage und der Verantwortlichkeiten in Ihrem Unternehmen notwendig. Besonders effektiv ist dieses erste Kontaktgespräch dann, wenn es von einem Mitarbeiter in leitender Funktion durchgeführt wird. Das beweist dem Beschwerdeführer, dass Ihr Unternehmen sehr professionell mit solchen Fällen umgeht. Ein Großteil der schriftlichen Beschwerden klärt sich in dieser Phase schon auf – ohne allzu großen weiteren Aufwand! Sollte der Beschwerdeführer nicht erreichbar sein, schreiben Sie ihm, dass Sie sein „Schreiben" erhalten haben, die Sachlage prüfen werden und er bis … von Ihnen Bescheid bekommt.

2. Stellen Sie sich vor

Wie beim persönlichen Gespräch wirkt es auch in einem Brief positiv, wenn Sie sich dem Beschwerdeführer persönlich vorstellen. Ihr gegenseitiger

Schriftverkehr verliert so seine Anonymität und der andere weiß, mit wem er es zu tun hat, wer auch weiterhin sein Ansprechpartner in Ihrem Unternehmen ist. Das Gefühl, einer übermächtigen grauen Mauer gegenüberzustehen, wird ihm so genommen.

3. Danken Sie Ihrem Kunden

Bedanken Sie sich für sein Feedback, für das Berichten seiner Unannehmlichkeiten, was gleichzeitig auch eine Eingangsbestätigung seines Schreibens darstellen kann. Danken Sie möglichst nicht für *"sein Schreiben vom …"*, sondern für den Inhalt, den Hinweis etc.

Sie können dem Kunden in der Beschwerdebeantwortung mehrmals danken, z.B. auch für seine Treue zum Unternehmen. Vermeiden Sie allerdings Übertreibungen oder Schmeicheleien, die rasch entlarvt sind.

4. Entschuldigen Sie sich für die Unannehmlichkeiten

Entschuldigen Sie sich für die Unannehmlichkeiten, die der Kunde hatte. Nichts ist zu Beginn eines Schreibens entwaffnender als eine ehrliche Entschuldigung – selbst wenn keine Fehler Ihrerseits vorliegen. Daher ist es auch wichtig, dass Sie sich zunächst nur für die Unannehmlichkeiten entschuldigen und *nicht* für den angesprochenen Fehler!

Textbausteine

„Wir bedauern sehr, dass …"

„Es ist verständlich, dass Sie angesichts der … verärgert sind."

„Bitte entschuldigen Sie die Umstände …"

„Sie sind aus den genannten Gründen enttäuscht …"

„Ich bedauere sehr den Ihnen entstandenen Ärger."

„Ich entschuldige mich persönlich für die unangenehme Situation."

„Ihre Unzufriedenheit ist durchaus verständlich."

5. Eingehen auf den Inhalt

Gehen Sie direkt auf die Äußerungen des Kunden ein, greifen Sie seine Formulierungen und vor allem Daten und Uhrzeit nochmals in Ihrem Antwortschreiben auf. Informieren Sie den Kunden, was Sie unternehmen werden bzw. was Sie bereits veranlasst haben. Wenn ein Punkt Ihrerseits noch hinterfragt werden muss, tun Sie das auch in Frageform. Haben Sie in Ihrem Ersttelefonat schon einige Punkte geklärt, erwähnen Sie das auch in Ihrem Antwortschreiben.

Textbausteine

„Bitte informieren Sie uns darüber noch näher …"

„Ist es möglich, dass …?"

„Ich versuchte, Sie persönlich telefonisch zu erreichen, um folgende offene Punkte zu klären: …"

„Sie schreiben, …."

„Sie beziehen sich auf … vom …"

„Wir haben in unserem Telefongespräch vom … Folgendes vereinbart: …"

6. Zeigen Sie Ihrem Kunden gegenüber Emotion und Verständnis

Geben Sie unumwunden zu, wenn Ihr Kunde tatsächlich im Recht ist (auch wenn es Überwindung kostet!). Formulieren Sie Ihre Emotion sehr empfängerorientiert, an den Kunden gewendet. Hinterfragen Sie niemals die Integrität des Kunden!

Formulieren Sie so, dass Sie über den Vorfall enttäuscht sind, nicht aber über die Beschwerde. Das ist ein großer Unterschied auf der emotionalen Ebene! Genau wie im persönlichen Gespräch ist es wichtig, dem Beschwerdeführer zu verstehen zu geben, dass Sie seine negativen Emotionen erkennen und auch nachvollziehen können.

Textbausteine

„Ihr Einwand ist berechtigt. Wir haben auch bereits gehandelt, um eine Verbesserung der Situation zu erreichen."

„Die von Ihnen beschriebenen Wartezeiten sind deshalb zu Stande gekommen …"

„Ihre Anregungen nehmen wir gerne auf und …"

„Wir haben bereits veranlasst, …"

„Um eine kurzfristige Entschärfung der Situation herbeizuführen, haben wir sofort veranlasst, …"

„Wir werden zuverlässig innerhalb einer Woche eine Lösung für … gefunden haben."

„Ihr Hinweis war für uns hilfreich. Wir bieten Ihnen folgende Lösung an …"

7. Trennen Sie Emotion und Sache

Antworten Sie mit klaren und einfachen Formulierungen, aber immer direkt in der Sache. Trennen Sie im Kernteil bewusst Emotionen und Sache! Bieten Sie dem Kunden eine kurze, für ihn nachvollziehbare Erklärung, wie es dazu kommen konnte. Gehen Sie hier unmittelbar auf seine Fragen ein. Beachten Sie außerdem:

- Vermeiden Sie fachliche oder technische Spezialausdrücke, die den Kunden verunsichern.

- Vermeiden Sie die „Hauptwörterei", die die typische Amtssprache kennzeichnet. Verwenden Sie stattdessen lieber aktive Verben!
- Vermeiden Sie belehrende, schulmeisterliche Formulierungen.
- Verwenden Sie Abkürzungen sehr sparsam und nur dann, wenn deren Bedeutung dem Kunden auch bekannt ist.
- Kurze Absätze sind leserfreundlich, auch kompliziertere Inhalte können so leichter vermittelt werden.
- Erklären Sie klar, kurz und in einfachen Worten, was Sie tun werden und was der Kunde erhält.

Tipp

Vermeiden Sie das Beschuldigen anderer Stellen, Kollegen, Abteilungen o.Ä. Das wirkt nicht professionell, der Verdacht des „Abschiebens" der Beschwerde entsteht.

Textbausteine

„Wir nehmen … zurück und Sie erhalten stattdessen …"

„Wir schlagen daher in diesem Fall Folgendes vor: Senden Sie uns … bis zum … zurück und Sie erhalten von uns den Betrag von … bis … umgehend gutgeschrieben."

„Wir reduzieren den Kaufpreis und Sie erhalten die um den Betrag …. korrigierte Rechnung bis …"

8. Bieten Sie Beispiele und Alternativen

Ein guter Lösungsvorschlag kann auch praktische Beispiele enthalten oder sich auf Bekanntes, dem Kunden schon Vertrautes beziehen. Formulieren Sie gegebenenfalls Wahlmöglichkeiten, um bei sehr schwierigen Fällen dem Kunden die Entscheidung zu überlassen (kundenpsychologischer Vorteil!). Es sollten jedoch jeweils nur zwei Möglichkeiten zur Auswahl stehen. Wer zu viele Alternativen anbietet, senkt so den Wert der einzelnen Lösungsvariante. Der Vorschlag kommt in den Verdacht, eine übliche Standardlösung zu sein.

9. Keine 08/15-Antworten!

Verfassen Sie den Antwortbrief in einem möglichst persönlichen Stil. Standardschreiben mit Standardformulierungen sind rasch entlarvt. Ein noch so wunderbar formulierter Brief wird rasch zum Ausdruck von mangelndem Interesse am Kunden, wenn er nach 08/15-Lösung aussieht. Textbausteine sind zwar wichtige Hilfestellungen – wie Sie diese aber zusammenfügen, macht den Unterschied. Achten Sie auf für die Situation wirklich zutreffende Formulierungen. Viele Textbausteine dienen daher auch nur zur Anregung, als Anleitung für eigene Formulierungen.

Wichtig ist auch: Der Name des Beschwerdeführers kann ein weiteres Mal im Schreiben (neben der Anrede oder Einleitung) vorkommen. Stellen Sie besonders bei Stammkunden die Erwähnung des Namens in einen speziellen, „einzigartigen“ Zusammenhang, wie zum Beispiel die Erwähnung des letzten Besuches.

10. Übertreffen Sie die Erwartungen

Wie schon in Kapitel 1 erwähnt, ist das reine Erfüllen der Erwartungen des Kunden für ihn sozusagen das Mindestmaß. Ein positiver Aspekt darüber hinaus entsteht erst dann, wenn seine Erwartungen übertroffen werden. Wenn es Ihnen daher angemessen erscheint, gehen Sie ruhig einen Schritt weiter über das hinaus, was der Kunde erwartet: Übermitteln Sie zur Wiedergutmachung Angebote, die der Kunde verwenden kann. Kunden vergessen kleine Gefälligkeiten nicht. Sie sehen darin meist eindeutig die Ernsthaftigkeit Ihrer Beschwerdebehandlung. Bitte ergänzen Sie bei Bedarf, dass diese Wiedergutmachung einmalig bzw. ohne weitere Ansprüche erfolgt.

Um die Bedeutung dieser Zusatzleistung zu unterstreichen, können Sie sie auch ins Postskriptum platzieren. So findet das Extra besondere Aufmerksamkeit und entgeht dem Kunden sicher nicht.

Textbausteine

„Als freundliche Geste legen wir ... bei und wünschen Ihnen ..."

„Am ... findet in unseren Räumen die Vernissage der Ausstellung ... statt. Da wir Sie als großen Kunstfreund kennengelernt haben, lade ich Sie gerne persönlich zu einer Führung mit dem Künstler und einem anschließenden gemeinsamen Abendessen bei uns ein."

„Als Zeichen unseres aufrichtigen Interesses an Wiedergutmachung erhalten Sie ..."

---

11. Verfassen Sie einen positiven Ausstieg

Wählen Sie Schlussformulierungen, die darauf abzielen, das positive Klima wiederherzustellen. Setzen Sie Signale der Wertschätzung. Vermeiden Sie aber vor allem auch am Schluss verstaubte und veraltete Formulierungen. Beispielsweise:

„In der Hoffnung, Ihnen wieder einmal gedient zu habe, verbleiben wir ..." Auch beim Lesen zählt der letzte Eindruck.

Im aktuellen Briefstil „hoffen", „dienen" und „verbleiben" wir nicht mehr. Stattdessen wird der Schluss empfängerorientiert und persönlich abgefasst (vgl. auch Kapitel „Beschwerden via E-Mail").

Weisen Sie noch einmal auf den verantwortlichen Kundenbetreuer hin und geben Sie konkrete Informationen über Durchwahl und zeitliche Erreichbarkeit an. Angaben wie „jederzeit" sind gefährlich, weil in Zeiten von rund um die Uhr erreichbaren Call-Centern der Begriff vielfach mit 24 Stunden gleichgesetzt wird. Auch wenn niemand von Ihnen erwartet, dass Sie auch noch um Mitternacht Telefondienst machen, ist es trotzdem ärgerlich, wenn Sie auf Grund von Gleitzeit etc. am Freitag um 16 Uhr nicht mehr für den Kunden erreichbar sind. Da ist es leicht möglich, dass am Montag wieder ein ärgerlicher Brief zu Ihnen unterwegs ist.

Versetzen Sie sich daher noch einmal in die Lage des Beschwerdeführers. Was möchte er noch von Ihnen hören? Welche Information ist für ihn noch hilfreich?

Die grundsätzliche Grußformel lautet *„Mit freundlichen Grüßen"*. Formulierungen wie „Hochachtungsvoll" und „mit vorzüglicher Hochachtung" bleiben der zweiten Mahnung bzw. der Auflösung der Geschäftsbeziehung vorbehalten!

Textbausteine

„Wir sind sicher, dass der Fall damit zu Ihrer Zufriedenheit geklärt werden konnte und danken nochmals für Ihre Anregung."

„Weitere Details klärt gerne mit Ihnen meine Mitarbeiterin, Frau … Sie erreichen Sie unter der Durchwahl … von … bis …"

„Bitte entschuldigen Sie nochmals das Versehen."

„Wir freuen uns, wenn dies der erste Schritt zur Wiederherstellung unserer bisher sehr erfolgreichen Zusammenarbeit ist."

„Haben Sie noch Fragen? Unter der Telefonnummer … ereichen Sie mich von Montag bis Freitag von … bis …"

„Wir sind überzeugt, mit dieser Vorgangsweise (mit …) in Ihrem Sinn gehandelt zu haben."

„Wir freuen uns, Ihnen mit dieser Lösung geholfen zu haben/Sie mit dieser Lösung zu unterstützen."

Im Folgenden wollen wir Ihnen zur Verdeutlichung ein Beispiel einer Beschwerde mit aus unserer Sicht professioneller Beantwortung geben – auch wenn das eigentliche Problem nicht restlos geklärt wurde:

Beispiel

An die Fachgruppe …

Sehr geehrte Damen und Herren,

ich fuhr gestern mit einem Taxi, Kennzeichen …, Fa. AB, um 16.45 Uhr vom Bahnhof … in die XY-Gasse. Beim Einsteigen zeigte der Taxifahrer in gebrochenem Deutsch deutlichen Unmut über die kurze Wegstrecke. Im Auto war sein starker Körpergeruch deutlich zu riechen, das Auto wirkte auch sonst nicht gepflegt und war außen schmutzig. Während der Fahrt biss ich in mein Croissant, worauf er mir mit einer Handbewegung nach hinten und einer groben befehlenden Bemerkung das Essen im Auto untersagte. Ich antwortete ihm nichts drauf, um auf der kurzen Strecke Ruhe zu haben. Während der Fahrt zeigte er sich zwei Frauen gegenüber wenig respektvoll und beschimpfte sie lautstark in seiner Landessprache. In der Nähe meines Wohnortes fragte er mich: Wo willst du aussteigen? Ich sagte ihm die Hausnummer. Er nannte mir den Fahrpreis, den ich ihm verständlicherweise ohne Trinkgeld bezahlte, worauf er mich mit einer abfälligen Bemerkung nochmals in Du-Form aus dem Wagen verwies. Meinen Wunsch nach einer Rechnung quittierte er mit den Worten: Jetzt quälst du mich auch noch. Ich ersuchte ihn dabei, sein Verhalten zu überdenken und mich nicht zu duzen. Darüber hinaus solle er überdenken, wo er arbeitet und dass ich seine Kundin in diesem Taxi bin. Er sagte mir, ich solle verschwinden und mir meine zwei Koffer von hinten selbst herausnehmen, was ich dann auch notgedrungen tat. Als ich die Heckklappe nicht schloss und wegging, ging vor Zeugen vor unserem Haus eine Schimpfkanonade auf mich nieder, da er aussteigen und den Kofferraum selbst schließen musste.

Ich betone, dass ich öfter mit Taxis in unserer Stadt fahre, und versuchte in diesem Fall, mich ausländischen Fahrern gegenüber neutral zu verhalten. Dieses Verhalten ist jedoch zu viel, ich verlange ein gebührliches Betragen der Taxifahrer, auch mir als Frau gegenüber.

Bitte überprüfen Sie diese Firma und deren Fahrer auf handelsrechtliche Genehmigung und steuerrechtliche Richtigkeit, denn dieser Fahrer arbeitet sicher nicht im Sinn des Beförderungsgewerbes und der Taxiunternehmen.

Bitte lassen Sie mir Ihre und die Stellungnahme der Fa. AB zukommen.

Mit freundlichen Grüßen und vielem Dank im Voraus

Nachdem von der Fa. AB keinerlei Reaktion erfolgte, sandte die Kundin eine Urgenz an die oberste Führungsebene der zuständigen Interessenvertretung. Deren Vorgehen mit Zwischenmeldung und diese professionelle Antwort wollen wir Ihnen nicht vorenthalten:

Zwischenmeldung vom Service-Center sofort nach der Beschwerde-Versendung:

> Sehr geehrte Frau ...,
>
> vom Büro des Präsidenten XY wurde mir Ihre Beschwerde vom ... zur Bearbeitung weitergeleitet. Ich werde nun die Stellungnahme der Fachgruppe ... einholen und auch Ihrer Bitte um eine Stellungnahme der Firma AB Nachdruck verleihen.
>
> Ich werde Ihnen die erforderlichen Informationen so rasch wie möglich zusenden, um Sie auf dem Laufenden zu halten.
>
> Freundliche Grüße
>
> NN
>
> Service Center

Formale Beschwerdebeantwortung durch den Präsidenten der Interessenvertretung ca. drei Wochen nach obigem Schreiben:

> Sehr geehrte Frau ...,
>
> ich habe die Fachgruppe ... um Recherche in Ihrem Beschwerdefall gebeten. Seitens der Innung wurde mir versichert, dass es eines der Hauptanliegen als Interessenvertretung einer ohnehin schwierigen Branche ist, das Image gegenüber dem Kunden zu heben.
>
> Aus diesem Grund ist man in der Fachgruppe für jede einlangende Beschwerde dankbar und bemüht, dem Vorfall nachzugehen und diesen aufzuklären. In diesem Sinn wird sehr professionell mit Beschwerden umgegangen und es entspricht auch der Gepflogenheit, dass Beschwerdeführern als kleine Geste Taxigutscheine übermittelt werden.
>
> Aus diesem Grund erhalten Sie mit diesem Schreiben diese Gutscheine über EUR ... und ich kann abschließend betonen, dass ich aufgrund des beschriebenen Umgangs mit Beschwerden davon überzeugt bin, dass in der Fachgrup-

pe … solche Fälle nicht „unter den Tisch gekehrt" werden. Ganz im Gegenteil, die Verantwortlichen sind froh, wenn Gelegenheit besteht, solchen Vorgangsweisen entgegenwirken zu können. Mitgliedsfirmen werden immer über die Beschwerde informiert, auf den Imageschaden für die gesamte Branche hingewiesen und um entsprechende Vorkehrungen gebeten.

Wir entschuldigen uns im Namen der Fachgruppe und der Interessenvertretung bei Ihnen.

Mit freundlichen Grüßen

Nach so einer Vorgangsweise fühlt sich der Kunde wahrgenommen und die Beschwerde hat in diesem Fall zumindest den Hauptzweck erfüllt, dass in der Fachgruppe solche „schwarzen Schafe", die es in den meisten Branchen immer wieder gibt, bekannt werden und entsprechend darauf reagiert wird.

Ein weiteres Beispiel einer schriftlichen Beantwortung, das wenig kundenorientiert geschrieben wurde. Hierbei kommt es uns nicht auf die eigentliche Lösung an, vielmehr soll es Ihnen die Wirkung der Formulierungen verdeutlichen:

Beispiel

Vorfall Garage XY
1.2.2012, ca. 12:00 Uhr

Sehr geehrter Herr Geschäftsführer,

nach dem Vorfall in o.a. geführter Garage ist es mir ein Anliegen, Ihnen als Geschäftsführer des Garagenbetreibers meine Betroffenheit und meinen Ärger über das Verhalten eines Mitarbeiters zu kommunizieren. Auch einige Tage danach ist mein Unmut als Benützerin der Garage gleichbleibend, und zwar aus folgendem Grund:

Ich übergab mein Auto um ca. 8:30 Uhr im oberen Teil der Garage einem Mitarbeiter, da es sonst immer verlässlich geparkt wird.

Als ich zurückkam, ging ich zu meinem Auto und sah, dass die hintere Stoßstange an einem Pfeiler, der von einem Metallgitter umgeben war, anstieß. Um zu sehen, ob ein Schaden vorliegt, fuhr ich einen Meter nach vor und sah den Schaden – es war ein Kratzer mit einer kleinen Delle an der Stoßstange links hinten.

Ich informierte den Mitarbeiter an der Kasse, der mir den „Chef" schickte. Der Chef sagte mir schon beim Kommen, ohne dass er den Schaden gesehen hatte: „Das müssen Sie selbst gemacht haben, denn ich fahre niemals an". Nach mehrmaligen Nachfragen beschimpfte er mich dann, dass ich den Retourgang eingeschalten habe und offensichtlich jetzt ihm den Schaden in die Schuhe schieben wollte. Für ihn wäre es ja ein Leichtes, eine Versicherungsmeldung zu machen, aber er denke nicht daran, wenn man nicht Auto fahren kann. Diese Schimpfkanonaden gingen einige Minuten weiter, bis ich ihm sagte, dass er sich mäßigen sollte und die ganze Sache mit mir in einem konstruktiven Ton behandeln sollte. Ich fragte ihn, ob er das auch außerhalb seines Ärgers so sehe und ob er glaube, dass ich die Unwahrheit sage, worauf er mir erwiderte: „Na sicher, das haben Sie selbst gemacht". Er forderte auch den zweiten Mitarbeiter, der immer sehr kundenorientiert agiert hat, lautstark auf, sich den lächerlichen Schaden anzusehen und dass er ja einparken könne. Leider musste ich dringend zu einem nächsten Termin und konnte die Angelegenheit nicht länger besprechen. Er ging mir noch schimpfend nach, als ich schon mit dem Auto aus der Garage fuhr und mich in den Verkehr einreihen wollte.

Ich kann mir vorstellen, dass ein Schaden für den Mitarbeiter sicher eine unangenehme Sache ist, allerdings ist das bei einer konstruktiven Vorgangsweise ein üblicher Versicherungsfall, der kundenorientiert abgehandelt werden kann. Dieses Verhalten ist jedoch in keinem Fall zu tolerieren, zumal ich keine Ansprüche gestellt habe, sondern lediglich seinen Namen und die Versicherungsdaten wollte, um einen Schadensbericht auszufüllen, so wie es bei einem ganz normalen Schaden immer geschieht. Der besagte Herr Chef verweigerte mir seinen Namen sowie die Versicherungsdaten und erklärte mir, dass sowieso alles auf der Rechnung stehe. Wie Sie wissen, steht auf der Rechnung weder der Name des Mitarbeiters noch eine Telefonnummer. Das ist insgesamt ein unprofessionelles Verhalten. Die Rechnung lege ich in Kopie als Beweis bei.

Ich erachte es als unangemessen, mich einer Lüge zu bezichtigen. Das Auto ist tatsächlich mit der Stoßstange an dem Pfeiler angestanden. Mein Fehler war, dass ich weggefahren bin, um den Schaden anzusehen.

Ich erwarte, dass sich der Herr Chef für die Unterstellung, dass ich die Unwahrheit gesagt habe, entschuldigt und ersuche die Vorgesetzten, entsprechende Maßnahmen vorzunehmen, um ein solches kunden- und imageschädigendes Verhalten in Zukunft zu verhindern.

Mit freundlichen Grüßen

Das Antwortschreiben des Geschäftsführers nach fünfwöchigem Stillschweigen fiel folgendermaßen aus:

Sehr geehrte Frau …,

in meiner Eigenschaft als Geschäftsführer der … bestätigte ich den Erhalt Ihres Schreibens vom …

Der Mitarbeiter der … Garage hat mir durchaus glaubwürdig versichert, keinen Schaden an Ihrem Fahrzeug angerichtet zu haben. Ich habe daran auch überhaupt keinen Zweifel – handelt es sich doch um einen Mitarbeiter, der Jahrzehnte für uns tätig ist. Ich bitte daher um Verständnis, dass ich daher keinerlei Veranlassung sehe, auf Ihr Schreiben weiter einzugehen.

Mit vorzüglicher Hochachtung

Sie werden es vermutlich verstehen, wenn diese Angelegenheit durch die Kundin bis in den Aufsichtsrat weitergetragen wurde, der die Sache mit einem sehr konstruktiven Gespräch, einer Entschuldigung für die Unannehmlichkeiten und einem ernsthaften Gespräch mit dem Geschäftsführer und dem Mitarbeiter beendet hat.

Aus unserer Sicht ist das ein klassischer Fall, bei dem der Geschäftsführer am besten zum Telefonhörer gegriffen hätte und so die Weiterbeschäftigung höherer Ebenen verhindert hätte. Ein „weiteres Eingehen auf das Schreiben" der Beschwerdeführerin war nicht gefragt, sondern ein wertschätzender Umgang mit einer langjährigen Kundin und eine Änderung eines wenig kundenorientierten Ablaufs im Fall einer Beschwerde.

12. Achten Sie auch auf die Nachbearbeitung der Beschwerde

Führen Sie besonders bei der schriftlichen Beschwerdebehandlung bei Bedarf den so genannten „**After-Complaint-Service**" ein. Dabei überprüfen Sie im Nachhinein bei schwerwiegenden Fällen die Kundenzufriedenheit durch so genannte „Nachfassbriefe" (siehe auch Kapitel 6) oder telefonische Nachfassaktionen. Das ist aus unserer Erfahrung immer empfehlenswert. Hier bieten sich Ihnen Chancen, Pluspunkte für künftige Schwachstellen zu sammeln. So erzielen Sie Nachhaltigkeit für gute Kundenlösungen und steigern die Kundenzufriedenheit.

„Vor einigen Wochen hatten Sie leider Grund, mit unseren Leistungen nicht zufrieden zu sein. Wir haben Ihnen angeboten, …"

„Sollten Sie trotzdem nicht zufrieden sein, können Sie sich gerne an unsere zuständige Mitarbeiterin, Frau …, Durchwahl …, wenden."

„Unser erstes Ziel ist Service für unsere Kunden. Daher interessieren uns Ihre Erfahrungen mit dem neuen …"

„Ihre Anregungen waren für uns äußerst hilfreich, wir haben seither …"

Wenn Sie eine Absage erteilen müssen:

- Erteilen Sie notwendige Absagen möglichst diplomatisch.
- Formulieren Sie dem Kunden gegenüber stets wertschätzend und respektvoll (nicht wie beim vorigen Garagen-Beispiel).
- Trennen Sie bewusst auch in ihren Formulierungen Sache und Emotion: Bleiben Sie verständnisvoll in der Emotion, aber klar und deutlich in der Sache.

„Bitte verstehen Sie unseren Standpunkt …"

„Wir danken für Ihr Verständnis für unsere Vorgangsweise."

„Sicher verstehen Sie, dass wir im Interesse unserer Kunden …"

„Nach eingehender Prüfung haben wir festgestellt …"

„Da bei Ihnen die Garantiezeit am … abgelaufen ist, bieten wir Ihnen ausnahmsweise in diesem Fall eine Reparatur gegen Kostenübernahme Ihrerseits an."

Killersätze bei der Beantwortung von Beschwerden

- ☹ Vermeiden Sie im Betreff: Ihr Schreiben vom, Ihr Brief vom, Ihre Beschwerde vom …
- ☹ Vermeiden Sie wie in der persönlichen Beschwerdebehandlung auch im Brief generell Worte wie „Beschwerde", „Schwierigkeiten", „Probleme".

☹ Vermeiden Sie Formulierungen wie: „Ich bin enttäuscht über Ihre Probleme …", „Sie haben Glück …", „Es gab schon schlimmere Fälle …"

☹ Vermeiden Sie schulmeisterliche Worte wie „selbstverständlich", „natürlich".

☹ Das Wort „möchten" signalisiert mangelnde Entschlusskraft oder übertriebene Höflichkeit.

☹ Formulierungen wie „dürfte", „hätte", „könnte", „wäre", „vielleicht", „eventuell" etc. zeigen Unsicherheit.

☹ Vergessen Sie nicht Ausdrücke des Bedauerns.

☹ Vermeiden Sie Nicht/Nein/Kein/Nie-Formulierungen.

☹ Das Wort „müssen" erweckt Gegenabwehr, fordert eine Erwiderung heraus.

☹ Sätze wie: „Zuallererst möchten wir darauf hinweisen, dass wir kaum Beschwerden dieser Art erhalten"

oder
„Sie sind der Einzige mit dieser Beschwerde"
zeigen dem Klienten im Unterbewusstsein, dass er der nicht der einzige Beschwerdefall ist.

☹ Vermeiden Sie am Schluss die Formulierungen „vorläufig zufrieden stellend" oder „Wir hoffen, Ihnen eine positive Antwort geben zu können, sobald wir den Sachverhalt geprüft haben."
Solche Sätze lassen Zweifel zurück und räumen das Problem nicht restlos beiseite.

5. Beschwerden via Internet

Die gläserne Beschwerde wird vor allem im Internet sichtbar – und hat Wirkung!

Beschwerden via E-Mail

Zur „Einstimmung" ein Beispiel:

Von: Gisela <ab@dmode.at>

Datum: 12. Dezember 2009 21:06:09 GMT+02:00

An: verkauf@cx.at

Betreff: Frechheit bzgl. personal in ihrer filiale reiterstraße

sehr geehrte damen und herren,

ihre produkte sind nun wirklich teuer genug, dass man einen anständigen service erwarten darf. was wohl in ihrer filiale reiterstraße ein fremdwort zu sein scheint.

1) meine tochter und ich kauften heute beide je einen xpod. was mich dabei sehr befremdet hatte, ist, dass nicht nur der verkäufer, der uns bediente, unentwegt kaugummi kaute. mir fiel auf, dass fast das gesamte verkaufspersonal kunden kaugummikauend bedient.

2) als meine tochter sich über die unterschiede der einzelnen xpods informieren wollte, wurden ihr die entsprechenden daten lustlos runtergebetet. das nenne ich nicht «beratung».

3) da einer der xpods nicht lief, gingen wir eine stunde später in das geschäft zurück und wurden an die technik vewiesen, wo wir nach einer halben stunde warten von einem sehr unfreundlichen (um nicht zu sagen arroganten) herrn «bedient» wurden, der ebenfalls wie eine wiederkäuende kuh auf seinem kaugummi rumbiss, während er uns ziemlich lustlos «abfertigte».

sorry, kaugummikauende verkäufer sind das allerletzte! man sollte meinen, die konkurrenz ist groß und so werden sie die zukunft wohl nicht überstehen und bald nicht mehr am markt sein!

mit verärgerten grüßen

G. AB

Von: verkauf@dmedia.at
Datum: 13.Dezember 2009 12:00:09 GMT+02:00
An: gisela <ab@dmode.at>
CC: Team Sales, Team Technik
Betreff: personal in ihrer filiale reiterstraße

Guten Morgen Herr YX

Besten Dank für Ihre E-Mail.[2] So wie Sie die Situation schildern, wäre das ein unhaltbarer Zustand. Kaugummikauen während der Arbeitszeit ist im Verkauf wie auch im technischen Support strikt untersagt per Weisung und mir auch so nicht aufgefallen.[3] Um mit meinen Mitarbeitern dementsprechend reden zu können und diese entsprechend zurechtzuweisen, brauche ich kurz Ihre Mithilfe: Wenn Sie mir die Nummer des Pay-Receits (die 4 DA-Nummer)[4] angeben könnten, kann ich den Zeitrahmen eingrenzen und eruieren, welche Mitarbeiter gerade im Verkauf tätig waren.

Ebenfalls bitte ich Sie um die Namen der Personen, mit denen Sie die negativen Kontakte erlebten: den Verkäufer, der Sie bediente sowie den Techniker, der Sie so unfreundlich bediente gemäß Ihren Angaben. Wir werden dann alle Contact-Videos der entsprechenden S-Areas checken, um die entsprechenden Mitarbeiter zur Verantwortung ziehen.[5]

Wir haben schließlich unsere Vorschriften und alle Mitarbeiter haben sich daran zu halten.

Sollten Sie diesbezüglich noch Fragen haben, wenden Sie sich ruhig jederzeit an mich. Wir sind schließlich alle für unsere Kunden da und stets bemüht, alle deren Wünsche zu erfüllen.[6]

Ich gehe davon aus, dass das Problem für Sie so gelöst ist![7]

Mediale Grüße[8]
RR (Filialleiter XY GmbH)

---

[2] Nicht für die E-Mail, sondern für den Hinweis danken.
[3] Dem Beschwerdeführer wird unterstellt, die Unwahrheit zu sagen.
[4] In der E-Mail kommen zu viele internen Abkürzungen und Bezeichnungen vor.
[5] Ziemlich viel Arbeit für den verärgerten Kunden, und noch dazu eine unangenehme: Detektiv spielen bei der Überführung und Bestrafung der Schuldigen!
[6] Statt auf die anderen Punkte in der Beschwerde einzugehen, werden noch ein paar leere Phrasen angefügt.
[7] Diese Schlussfolgerung ist wohl etwas zu voreilig!
[8] Der Kunde wird diesen „originellen" Schluss möglicherweise nicht ganz so originell finden.

Ist Ihnen bei unserem Beispiel außer dem in den Fußnoten Angeführten noch etwas aufgefallen?

Da hat wohl jemand die Signatur der Beschwerdeführerin nicht genau gelesen – ein Fehler, der am Bildschirm oft unterläuft. Der Beantworter konzentriert sich hier auf den Inhalt und übersieht Details. Dieser Beschwerdeführer ist eindeutig weiblich und wird vermutlich dieses Antwortschreiben nicht mit der gewünschten Akzeptanz sehen.

Ein anderer Vorschlag

Von: verkauf@dmedia.at

Datum: 13.Dezember 2009 12:00:09 GMT+02:00

An: gisela <ab@dmode.at>

CC: Team Sales, Team Technik

Betreff: personal in ihrer filiale reiterstraße

Sehr geehrte Frau AB,

danke für Ihre Mühe, uns Ihre Eindrücke mitzuteilen. Ihre Beobachtungen sind für uns wichtig, um unseren Service laufend zu verbessern. Ich verstehe Ihre Verärgerung und Enttäuschung, wenn ein eben gekauftes Gerät nicht so funktioniert wie von Ihnen und Ihrer Tochter erwartet.

Zu 1) Kaugummi-Kauen ist nach unseren internen Spielregeln eindeutig untersagt und ich entschuldige mich im Namen aller Mitarbeiter, wenn dieser Regel zuwider gehandelt wurde. Ich werde die Sache genau prüfen und sind Sie versichert, dass ich alles unternehme, um diesen Umstand zu klären.

Zu 2) Der von Ihnen erwähnte Verkaufstag war unser stärkster Einkaufssamstag der heurigen Adventzeit. Die hektische Atmosphäre ist sicher einem ruhigen Beratungsgespräch nicht förderlich und es tut mir aufrichtig leid, wenn das Beratungsgespräch für Sie unvollständig war. Gerne lade ich Ihre Tochter zu einem kleinen Test unserer neuen Geräte am … mit anschließender Autogrammstunde von … ein. Ich werde Sie bei diesem Anlass persönlich mit allen für Sie noch interessanten Zusatzinformation versorgen.

Zu 3) Im Sinne unserer Kunden haben wir Verkauf und technische Hilfe getrennt, um Ihnen gerade an einem hektischen Einkaufssamstag auch unseren gewohnten Service bieten zu können. Dieses System hat sich sehr bewährt. In Ihrem Fall waren die Batterien von Ihnen nicht korrekt eingelegt, was in der Hektik durchaus vorkommen kann. Herr Huber hat das behoben und ich bin sicher, Ihre Tochter hat viel Freude mit ihrem neuen Gerät.

Ich danke für Ihr wertvolles Feedback und Ihre Mithilfe und wünsche Ihnen weiter viel Freude mit Ihren XPods.

Mit freundlichen Grüßen
RR

Filialleiter
XY GmbH

E-Mail als Beschwerde-Medium der Zukunft?

Die E-Mail ist aus unserem Geschäftsleben nicht mehr wegzudenken. Kaum ein anderes Kommunikationsmittel hat unsere Arbeitsprozesse derart verändert. Rasch und unmittelbar gelangen Botschaften von einem Ende zum anderen. Ohne großes Überlegen wird eine Nachricht in den PC getippt und per Tastendruck abgeschickt – fast wie beim Gespräch, allerdings ohne sich direkt mit dem Kommunikationspartner auseinandersetzen zu müssen. So verbindet dieses Medium die Vorteile des Briefes mit den Vorteilen der Telefonkommunikation: schriftliches Dokumentieren mit raschem Übermitteln und rascher Reaktionsmöglichkeit. Daher ist es auch nicht verwunderlich, dass genau dieses Medium immer öfter für Beschwerden gewählt wird. Beschwerden über E-Mail werden in Zukunft vermehrt auf Ihren Bildschirmen landen. Für viele Kunden ersetzt eine E-Mail zunächst einen persönlichen Besuch.

Was ist das Besondere an Beschwerden via E-Mail?

- Der Kunde kann sich rasch und unmittelbar beschweren. Er muss keinen Besuch planen oder sich lange auf ein kompliziertes Telefongespräch einstellen.
- Er erwartet dementsprechend auch eine rasche Reaktion, wesentlich rascher als bei einem Brief.

- Es ist viel einfacher, schnell eine E-Mail zu versenden, als einen traditionellen Brief zu befördern – der Kunde entschließt sich so leichter und schneller, zu reklamieren.
- Der Stil einer E-Mail ist manchmal formloser als im Brief. Der Beschwerdeführer überlegt nicht lange, er schreibt sozusagen munter drauf los. Der Ärger drückt sich oft viel stärker aus, Beleidigungen erfolgen viel häufiger.
- Oft fehlt der verbindliche Rahmen, die Grußformel ist knapp und die Einleitung kann fehlen – der Sachverhalt wird dafür oft umso wortreicher geschildert, allerdings auch oft unstrukturiert und dadurch nicht immer restlos nachvollziehbar.
- Der Stil entspricht eher dem gesprochenen Wort, beleidigende Äußerungen sind oft auch eher umgangssprachlich und selten durch die Blume formuliert.
- Der Beschwerdeführer verwendet manchmal auch Fachausdrücke und interne Abkürzungen, die nicht immer geläufig sind.
- Oft werden Namen falsch geschrieben, weil sich der Verfasser der E-Mail nicht die Mühe macht, die korrekte Schreibweise der Namen ausfindig zu machen.
- Trotz aller „Formlosigkeit" lassen sich E-Mails ausdrucken, ablegen, weiterleiten und so verbreitern. Viel eher als ein Brief können sie daher auf falsche Bildschirme und in falsche Hände gelangen.

Achten Sie besonders in Ihrer Beschwerdebeantwortung auf eine hohe Empfänger- und Zielorientierung, um Ihre Beantwortung, Ihre Vorgehensweise auch tatsächlich ankommen zu lassen. Häufig kennen Sie als Textverfasser Ihrer E-Mail den Empfänger Ihrer Botschaft nicht persönlich. In diesem Fall sollten Sie sich folgende Fragen stellen:

- Wie ausführlich und genau soll ich formulieren, damit der Empfänger meine Inhalte so versteht, wie ich sie meine?
- Wie verhindere ich, dass er gar nicht reagiert? Wie erreiche ich, dass er reagiert? Wie wird er reagieren?
- Ist er für diese Inhalte zuständig bzw. verantwortlich?
- Kann ich Härte in der Sache zeigen? Oder sollte ich besser zurückhaltend und diplomatisch vorgehen?
- Was sollte ich besser nicht erwähnen?

Tipp

Sehen Sie den Leser nicht als reinen Informationsempfänger (Sachebene), sondern auch als Menschen (Beziehungsebene).

Je wichtiger der Sachverhalt ist oder die erwarteten Konsequenzen sind, umso wichtiger ist der Ton des Schreibens.

Jede Information soll grundsätzlich eine Handlung auslösen. Der Leser soll nach der Lektüre eine Entscheidung treffen können, sich „anders" verhalten als bisher o.Ä. Die Information hat dann ihren Hauptzweck erreicht, wenn sich der Leser (Empfänger) auch entsprechend verhält. Stellen Sie sich deshalb vor Beginn Ihrer E-Mail einige Fragen:

- Was will ich bei meinem Leser erreichen?
- Will ich (und wie kann ich) das erreichte Ziel überprüfen?
- Welche Informationen werden für dieses Ziel benötigt?
- Welche Argumente sind wirklich zielführend?

Die richtige E-Mail-Sprache nach außen – speziell im Beschwerdefall

Beachten Sie, dass die E-Mail derzeit noch vor allem ein Informationsinstrument ist und wenig rechtlich geregelt ist. Die Beschwerdebeantwortung per E-Mail sollte daher nur dort erfolgen, wo Ihnen der Kunde per E-Mail geschrieben hat. Hat der Kunde einen Brief geschrieben, sollten Sie aus optischen Gründen auch die Beantwortung per Brief wählen.

Fragen Sie sich auch unmittelbar vor dem Verfassen des Textes:
1. Warum soll der Leser die Nachricht wichtig nehmen?
2. Wem schreiben Sie?
3. Was ist der Hauptzweck/Nutzen Ihrer E-Mail?
4. Wann und wo geschieht das Wesentliche?
5. Was ist die Lösung, die ich anbieten kann?

Worauf sollen Sie bei der Antwort-Mail achten?

Erst lesen, überlegen, dann eine Antwort schreiben. Formulieren Sie so persönlich wie möglich – die Empfängerorientierung hat den größten Stellenwert!

- **Kein Zeitverlust!**
Reagieren Sie möglichst rasch! In vielen Unternehmen gibt es mittlerweile Richtlinien, wie schnell die Reaktion auf eine Kunden-E-Mail erfolgen soll. Die Bandbreite liegt dabei zwischen einer halben Stunde und einem Arbeitstag. Zwei bis drei Stunden erscheinen uns als angemessen, wobei die Reaktion nicht zugleich die Lösung sein muss, sondern zum Beispiel die Bestätigung des Eingangs und der Beginn der Bearbeitung.
- **Vorsicht mit der automatischen Antwort!**
Der Kunde erkennt schnell, dass er da mit einer vorgefertigten Standardlösung abgefertigt wird. Außerdem passt ja nicht jeder Auto-reply-Text für einen verärgerten Kunden. Wer zum Beispiel auf seine emotional aufgeladene Beschwerde folgenden Antworttext erhält, wird sicher nicht beglückt reagieren:
„Danke für Ihre E-Mail.
Ich bin am Montag, 22.06.2009, wieder persönlich erreichbar.
Meine Mails werden nicht weitergeleitet, jedoch in dringenden Angelegenheiten von meiner Kollegin Andrea Auchgut bearbeitet. Ein nochmaliges Weiterleiten an Fr. Auchgut ist nicht erforderlich.
Liebe Grüße aus dem XX-Store
Sabine Super"
… Meine E-Mail wird nicht weitergeleitet? Wohin? Wer bestimmt, ob meine Beschwerde eine „dringende Angelegenheit" ist? Und wer ist überhaupt Frau Auchgut? – Alles Kundenüberlegungen, die nicht unbedingt den Boden für ein konstruktives Lösen der Beschwerde aufbereiten! Besser:

Textbausteine

„Sehr geehrter Herr XX,

vielen Dank für Ihre Anfrage. Ich werde die Angelegenheit umgehend prüfen. Sie erhalten in Kürze vom mir Bescheid."

„Mein Name ist Sabine Super, ich bin die Leiterin der Abteilung … und gerne auch unter der Tel.-Nr … DW … von Mo … bis Fr … erreichbar."

- **Beschwerde erfassen**

  Wenn Sie in Ihrem Unternehmen eine Kundendatei in Form eines CRM-Systems benutzen, tragen Sie die erhaltenen Daten gleich in das System ein. Das CRM-System (siehe auch Kap. 1.2) liefert meist eine Anzahl von Textbausteinen, die rasch und trotzdem individuell angepasst werden können. Zur Wiederauffindbarkeit werden dazu auch Nummern für jede Beschwerde vergeben. Teilen Sie das dem Kunden mit, damit er die Nummer, die im Betreff der Antwort-E-Mail steht, auch richtig deuten kann.

Textbausteine

„Ihre Anfrage wurde mit einer Nummer versehen. Diese sehen Sie im Betreff. Bitte beziehen Sie sich bei weiteren E-Mail-Anfragen auf diese Nummer: …"

„Wir haben Ihre Angelegenheit in unserem System erfasst und Sie bekommen innerhalb von zehn Werktagen unseren Lösungsvorschlag übermittelt."

- **Priorität: A**

  „Ich habe Ihre E-Mail nie bekommen!" oder „Mein System stürzt derzeit immer ab!" sind keine guten Ausreden. Bei der Flut von E-Mails, die sich täglich auf die Bildschirme drängen, ist es unbedingt notwendig, die wesentlichen herauszufiltern. Eine Kundenbeschwerde hat da höchste Priorität!

- **Aktuelle E-Mail-Sprache**

  Ein korrekter Gruß und eine Anrede (ohne Abkürzungen in der formalen E-Mail) gehören zum guten Einstieg in eine Beschwerdebeantwortungs-Mail.

  Der Textstil in der E-Mail an Kunden soll gleich wie im Brief sein. Die ideale Satzlänge liegt bei bis zu 15 Wörtern: Strukturieren Sie in der Beschwerdebeantwortung so, dass Sie einleitend die Ausgangssituation beschreiben und danach zum Kern bzw. zur Bearbeitung der Beschwerde kommen.

  Die Sprache der E-Mail ist einfach und knapp. Die Übersichtlichkeit und Kürze stehen dabei im Vordergrund. Formulieren Sie daher klar und ohne Umschweife und bringen Sie Fakten prägnant auf den Punkt. Komplizierte Erklärungen und Rechtfertigungen klingen in der E-Mail noch mehr nach unbeholfener Ausrede. Beschränken Sie sich daher auf das Wesentliche. Konzentrieren Sie sich dabei stets auf das Ziel! Schreiben Sie **aktive** statt passive **Formulierungen** und verwenden Sie **Zeitwörter (Verben)** statt Hauptwörter (Substantive). Vermeiden Sie die reine Befehlsform ohne „Bitte". Formulieren Sie positiv, ohne Konjunktive und lassen Sie verstaubte Schriftverkehrsformulierungen weg.

Textbausteine

„im Sinne von"

„in Ihrem Sinn"

„Das erleichtert Ihnen"

„Ich versichere Ihnen"

„Ich sichere Ihnen verlässlich zu …"

„Wir informieren Sie gerne …"

„Bitte beachten Sie …"

„Wir bearbeiten für Sie …"

„exakt", „genau", „konkret" – Signalwörter, die die logische Gehirnhälfte aktivieren und daher von der Emotion ablenken

„Um zu vermeiden, dass …, verstärken wir …"

Tipp

Zum Vermeiden von Übertreibungen oder Amtsdeutsch und ersetzen Sie Worte wie „man", „es", „alle" durch „wir", „ich", „Sie". Vermeiden Sie darüber hinaus „Es"/„dass"-Formulierungen.

- **Raum für Dank**
  Der Dank für den Hinweis, eine Entschuldigung und Verständnis für die Verärgerung dürfen trotzdem nicht fehlen. Formulieren Sie diese Entschuldigung bzw. mitfühlende Äußerung aber etwas knapper und noch klarer als im Brief.

„Danke für Ihren Hinweis."

„Ihr Hinweis ist für uns sehr hilfreich."

„Ich verstehe Ihre Verärgerung."

„Ich verstehe gut, dass der Ausfall der Anlage … für Sie sehr ärgerlich ist."

„Ich entschuldige mich im Namen von … (eigenes Unternehmen) für die unangenehme Situation am Montag, …"

● **Der Betreff zur raschen Erkennung**

Achten Sie auf einen aussagefähigen Betreff. Dieser ist eine der wichtigsten Komponenten im elektronischen Briefverkehr. Er bildet den entscheidenden ersten Eindruck: Der Empfänger entscheidet in Bruchteilen von Sekunden, ob und in welcher Reihenfolge er seine E-Mails öffnet. Neben dem Absender ist dabei der Betreff die wichtigste Informationsquelle, daher soll auf einem Blick klar erkenntlich sein, worum es im Text geht. Übernehmen Sie aus diesem Grund auch nicht unbedingt immer den Betreff der Beschwerde. Formulieren Sie sinnvoll um. Fünf „AW"- oder „Re"-Formulierungen wirken darüber hinaus nicht sehr positiv und erwecken den Anschein eines ewigen Mailverkehrs über ein anscheinend unlösbares Problem. Vermeiden Sie außerdem die Begriffe „Beschwerde", „Problem" oder „Reklamation" im Betreff. Kombinieren Sie lieber Worte mit Zahlen, das erregt laut Untersuchungen mehr Aufmerksamkeit und dient der besseren Ablagemöglichkeit (z.B. Hauptthema, Aktion, Termin). Wählen Sie den Betreff so, dass der Empfänger auf einen Blick erkennen kann, worum es sich handelt.

„Ihre Frage zur Lieferung vom 17.5.2009"

„Ihr Aufenthalt im Hotel Wiesenhof 10.07. bis 20.07.09"

„Ware A – Vorfall vom 6.7.2009"

● **Rasches Orientieren**

Wer sich via E-Mail beschwert, erwartet rasche und unkomplizierte Lösungen. Er will sich nicht erst durch lange Textpassagen durchwühlen und umständliche Erklärungen „herausschälen". Halten Sie daher die Fakten übersichtlich fest. Heben Sie Wichtiges heraus und gliedern Sie so Ihren Text übersichtlich. Sie müssen bei Aufzählungen keine ganzen Sätze formulieren.

Wir empfehlen, vor der Anredezeile eine Leerzeile zu lassen, um eine optische Trennung zwischen dem Kopfbereich der E-Mail und dem Text zu erhalten. Dokumentieren Sie sehr sachlich den Ist-Zustand und formulieren Sie freundlich und bestimmt den Soll-Zustand.

Der **Vorspann** einer E-Mail-Nachricht strukturiert die Nachricht. Daher muss der Anfang einer E-Mail wohlüberlegt sein. Der Leser soll in der E-Mail – rascher als im Brief – sofort erkennen, worum es geht. Sie formulieren daher in der E-Mail wie folgt:

Wichtigste Information oder eine Zusammenfassung
↓
Nächstwichtige Information
↓
usw.

Senden Sie den Ur-Text speziell bei einer Beschwerdebeantwortung sehr bewusst mit, um von der gleichen Ausgangslage auszugehen.

Hat ein Kunde in seiner E-Mail mehrere Punkte angeführt, hat es sich bewährt, diese Punkte zu nummerieren und in der Antwortmail jeweils zu den einzelnen Punkten Stellung zu nehmen:

1) Dazu halten wir fest: …
2) Hier haben wir veranlasst: …

- **Informell**, aber nie unhöflich
  Bringen Sie den Drang, ein „Flame" (= eine unangenehme E-Mail) zu schreiben, unter Kontrolle, beachten Sie dabei stets das eigene Image und die Wahrnehmung des anderen! Vorsicht auch vor Sarkasmus und widersprüchlichen (auch zweideutigen) Angaben im Text. Texten Sie selbst konservativ, lesen Sie E-Mails jedoch liberal und mit Toleranz.

- **Die professionelle Gestaltung als Zeichen der Wertschätzung**
  E-Mails verleiten manchmal zu unüberlegtem, hektischem Reagieren. Da wird schnell hineingetippt und nicht mehr lange kontrolliert. So schleichen sich Fehler ein. Eine leserfreundliche Gliederung ist aber auch bei der E-Mail-Botschaft wichtig. Wer eine Mail voller Fehler erhält, liest zwischen den Zeilen: „Du bist es mir nicht wert, Zeit

in eine Antwort auf deine Beschwerde zu investieren." Fehlerhafte Rechtschreibung hat nichts mit „Lässigkeit" zu tun!

- **Vorsicht mit Kürzeln**
  Vermeiden Sie die in der E-Mail-Kommunikation sonst üblichen Abkürzungen. Eine Beschwerde-Mail hat immer einen eher förmlicheren Charakter. Vor allem sollten Abkürzungen nie zu Missverständnissen führen. Der Kunde soll nicht erst rätseln, welchen unternehmensinternen Begriff Sie meinen könnten. Abkürzungen wie „mfg" und Smileys bzw. Akronyme sollten Sie besonders in der Beschwerdebeantwortung ganz vermeiden, um nicht den Anschein zu erwecken, Sie hätten keine Zeit zur Beantwortung gehabt.

  Die **Zeichen** *ß, ä, ö, ü* ebenso wie das **€**-Zeichen sind im elektronischen Schriftverkehr möglichst zu vermeiden und durch Doppelbuchstaben (*ss, ae, oe, ue*) bzw. „EUR" zu ersetzen, um das Andrucken von Sonderzeichen zu vermeiden.

  Behalten Sie die **Groß-/Kleinschreibung** bei, sie dient der Leserfreundlichkeit.

  Gehen Sie sparsam mit **Dringlichkeitshinweisen** im Text oder Zustellprioritäten (z.B. das rote Rufzeichen) um.

- **Das Attachment**
  Erläuternde Daten wie **Grafiken, Tabellen, Bilder** etc. sind sinnvoll im Attachment angeführt. Achten Sie dabei auf klare Bezeichnung im Dateinamen! Der Kunde fängt wenig mit Ihren firmeninternen Buchstaben- und Zahlenkombinationen an. Vermeiden Sie jedoch E-Mails, in denen kein Text vorkommt, wenn Sie nur einen Anhang weiterleiten (Spam-Filter!). Ein kurzer Text gehört immer in die E-Mail.

- **Auch der letzte Mail-Eindruck zählt**
  Vermeiden Sie auch am Ende inhaltsleere Standardfloskeln. Sie passen nicht zur direkten Mailsprache. Verkneifen Sie sich pseudo-originelle Grußformulierungen, auch wenn die sonst zu Ihrem Markenzeichen gehören. Ein verärgerter Kunde will keinen „sonnig-wonnigen Grüße aus Bad Wonneberg"!

  Kontrollieren Sie nochmals alle Zahlen und Fakten auf Ihre Richtigkeit und machen Sie am Schluss auch eine Grammatik- und Rechtschreibungprüfung, um eine professionelle Beantwortung abzusenden.

„Haben Sie noch Fragen? Rufen Sie mich gerne an un-ter …"

„Ich kläre die neue Lieferfrist und Sie erhalten meinen Anruf bis 17.4."

„Nochmals Danke für Ihre Mithilfe bei der Fehleraufdeckung!"

„Mit freundlichen Grüßen", „Freundliche Grüße" – nur bei sehr vertrauten Gesprächspartnern auch: „Liebe Grüße"

Extra: Beispiele für eine Signatur

Gerade bei der Beantwortung von E-Mail-Beschwerden sollten Sie auf die formale Richtigkeit Ihres Auftritts Wert legen, da dadurch die Akzeptanz Ihrer Antworten wesentlich erhöht wird. Eine unternehmenseinheitliche Signatur für Ihre Beschwerde-E-Mails kann wie folgt geschrieben werden:

Mit freundlichen Grüßen/kind regards

(Titel) Vorname Nachname
Abteilung XY oder Abteilungsleiter(in) Abteilung

XXX AG
Anschrift
Tel.:
Fax:
E-Mail:
http:
Firmenbuchnummer, der Firmensitz und das Firmenbuchgericht

Wir empfehlen Ihnen, Ihre Funktionsbezeichnung in Beschwerde-E-Mails anzuführen und nicht nur die Abteilung, in der Sie arbeiten. So ist es zum Beispiel aus unserer Sicht persönlicher, statt „Büro der Geschäftsleitung" *Assistentin der Geschäftsleitung* anzuführen, was deutlich macht, dass dort Menschen für die Beschwerdebeantwortung verantwortlich sind und nicht Positionen.

Extra: Rechtstext in der E-Mail

Wir empfehlen, diesen Text besonders bei Beschwerden oder Reklamationen per E-Mail und somit juristisch relevanten Themen einzufügen, z.B.

Diese Nachricht ist zur persönlichen Einsicht durch den genannten Adressaten gedacht. Bitte berücksichtigen Sie: Selbst bei exakter Namensübereinstimmung des Empfängers kann auch ein Adressierungsfehler vorliegen. Die XXX AG kann keine Haftung oder Garantie für die Unverfälschtheit und Vollständigkeit dieser Nachricht übernehmen. Dasselbe gilt, wenn Sie E-Mails erhalten, die von unbefugten Dritten unter unserem Namen abgesendet worden sind. Sollte der Inhalt der E-Mail nicht für Sie bestimmt sein, ersuchen wir um Information und anschließende Löschung der E-Mail. Des Weiteren möchten wir Sie darauf hinweisen, dass E-Mails der XXX AG nicht dazu bestimmt sind, Verpflichtungen in vertraglicher oder sonstiger Art zu begründen.

This electronic message (email) and any attachments to it are sent for the personal attention of the addressee. Although you may be the named recipient, it may become apparent that this email and its contents are not intended for you and an addressing error has been made. XXX AG accepts no responsibility or liability as to its completeness or accuracy. Equally, XXX AG accepts no responsibility or liability for emails sent under its name by unauthorised third parties. If you have received this email in error, we kindly request that you inform us immediately and thereafter delete this email and any attachments to it. We would also like to point out that email messages from XXX AG do not imply any contractual obligation and shall not be binding in any way.

Beachten Sie speziell bei der Beschwerdebeantwortung auch die Regeln der Unterschriften in Unternehmen – Vier-Augen-Prinzip oder mit dem Zusatz „i. A." zu unterschreiben.

Unter E-Mail-Signatur ist an dieser Stelle nicht die elektronische Signatur, sondern der Footer mit den Kontaktdaten des Absenders zu verstehen.

Die E-Mail-Signatur stellt die „Visitenkarte" des Unternehmens dar und prägt sein Image ebenso wie auch das Ihre!

Die Beschwerde-Plattform für Konsumenten

Ich habe mit dem Reiseveranstalter **Akadem-Urlaub** die denkbar schlechtesten Erfahrungen gemacht! Ich habe dort eine Reise nach X gebucht und dabei die höchste Hotelqualität gewählt. Wir waren im Hotel Postkronen-Sonne in X-Bach untergebracht. Ich habe bei der Buchung extra ein Hotel mit Wellness-Anlage und Fitness-Raum verlangt, worauf mir **Herr Großzügig** vom Reiseveranstalter zugesichert hat, wohl kein besseres Hotel wählen zu können! Außerdem war mir wichtig, dass ich auch meinen Hund in dieses Hotel mitnehmen kann.

Vor Ort war dann alles anders: Mein Hund wurde mit allergrößtem Misstrauen begrüßt und uns wurde gesagt „Sie können mit dem Viech nur in unser unrenoviertes Zimmer 3 gehen". Wir entschieden uns trotz unseres Ärgers, einmal eine Nacht zu bleiben. Dabei stellte sich auch der Rest des Hotels als äußerst mangelhaft heraus: der Wellness-Bereich bestand aus einer alten, viel zu kleinen Saunakabine, einem dreckigen, viel zu kalten 2 x 3 Meter großen Plastik-Pool und der Fitness-Raum war ein Kellerstüberl mit einem defekten Hometrainer! Wir übersiedelten am nächsten Tag in ein anderes Hotel und seit dem verhandeln wir mit Akademi-Urlaub und Herrn Großzügig! Er behauptet immer nur, wir hätten ein Sonderangebot gebucht und da könne man halt nicht so wählerisch sein! So eine Frechheit!

Wir wollen auf diesem Weg alle warnen, die das einschlägige Angebot in den Tageszeitungen auch gesehen haben und überlegen, zu buchen!

Meine Forderung: Erstattung der Mehrkosten durch Umbuchung und Schadenersatz für die erste Nacht

Firmenantwort ausstehend seit: 198 Tagen, 3 Stunden, 36 Minuten und 28 Sekunden.

Kommentare:

von Hans Baumann   31.08. 2009 | 21:25

Wundert mich eigentlich, da Akademi-Urlaub bisher einen sehr guten Ruf hatte. Gab es denn da überhaupt kein Entgegenkommen? Die werben doch immer mit ihrem tollen Service! Aber heute glauben ja die Firmen, sie können sich alles mit uns erlauben!

von Max Hubermann   02.08. 2009 | 10:15

Die letzte Reaktion von Herrn Großzügig: Er hat sich zunächst am Telefon verleugnen lassen und uns dann gesagt, wir sollen nicht so „auftrumpfen, sie hätten täglich sehr viele zufriedene Kunden und solche Querulanten wie uns bräuchten sie nicht"! Die ganze Sache wird wohl ein gerichtliches Nachspiel geben. Aber damit Sie alle wissen, wie dieser famose Herr Großzügig aussieht, hier sein Foto von der Website:

Filialleiter Filiale Hubstraße 17, Tel: …

So sieht ein „kundenorientierter, stets um bestes Service bemühter Mitarbeiter unseres Qualitätsunternehmens" aus!

Sie finden dieses Beispiel überzogen? Wer schon einmal auf eine Beschwerdeplattform im Internet geschaut hat, wird die Realitätsnähe dieses Beispieles durchaus bestätigen!

Das kundenorientierte Unternehmen von heute sieht sich mit einer neuen Macht konfrontiert: dem Internetportal. Egal, ob Hotelzimmer, Autos, Bücher, Elektrogeräte oder andere Konsumgüter – immer mehr Bewertungsportale und Testforen schießen aus dem Internetboden. Die Meinungsäußerung im Netz wird beim Konsumenten immer beliebter. Der gute alte Stammtisch, an dem negative Mundpropaganda weitergegeben wird, bekommt so eine völlig neue Dimension. Die alte 1:11 Regel, die besagt, dass eine negative Erfahrung mit einem Unternehmen elfmal häufiger weiter gesagt wird als eine positive, muss eindeutig neu berechnet werden. In manchen Märkten, wie zum Beispiel der Reisebranche oder dem Buchmarkt im Internet, werden immer mehr Kaufentscheidungen auf Grund von anderen Konsumentenerfahrungen getroffen. Mittlerweile werden auch schon Lehrer, Professoren und Ärzte im Internet bewertet und Beschwerden online gestellt. Weitere Dienstleister werden folgen, kein Bereich ist vor dem „testwütigen Volk" mehr sicher.

Doch wie reagieren die meisten Unternehmen? Entweder sie ignorieren diese Beschwerden und stecken den Kopf in den Sand. Selten erfolgt eine direkte Reaktion im Internet, so als ob man sich nicht mit diesem „Internetvolk" direkt auseinandersetzen würde. Oder sie blocken die Kritik ab und verlangen von den Internetportalen, die kritischen Beiträge zu löschen. Doch rechtliches Drohen hilft wenig bei der Meinungsbildung im Internet. Die User fühlen sich von überheblichen Unternehmern nicht ernst genommen und rächen sich auf ihre Weise. Ein Spiel, das leichtsinnige Unternehmen in der Gunst der Kunden schnell verlieren können. Oder wie es ein Hotelier ausdrückte: „Wer heute im Internet schläft, hat morgen kein Geschäft mehr!"[9]

Was ist das Besondere an Beschwerden im Internet?

- Sie haben eine unendlich große Verbreitungsmöglichkeit.
- Die Beschwerde kann sehr einfach und unkompliziert einem unendlich großen Personenkreis zugängig gemacht werden.
- Sie können auch noch nach Jahren im Netz gelesen werden.
- Sie sind subjektiv und der Inhalt ist nicht leicht überprüfbar.
- Die Inhalte sind sehr oft sehr emotional und auch persönlich beleidigend, da sich der Verfasser nicht direkt mit dem Angesprochenen auseinandersetzt, sondern sozusagen „hinter dem Rücken" des Betroffenen über diesen losziehen kann – und das auch noch vom gesicherten heimischen Schreibtisch aus!
- Das betroffene Unternehmen hat zunächst keine Chance, sich zu wehren.
- Informationen im Internet und somit auch Internet-Beschwerden sind ungefilterte Informationen bzw. die Art der Filterung ist nicht nachvollziehbar. Meinungen können so manipuliert werden.

Gibt es da überhaupt eine Möglichkeit für ein betroffenes Unternehmen, sich gegen diese Art von Beschwerdeführung zu wehren?

---

[9]   DIE ZEIT, 27.03.2008 Nr.14, Ein Volk von Testern.

Tipps im Umgang mit Internet-Beschwerden

- Informieren Sie sich ausführlich über Internet-Plattformen, Foren, Blogs, Communities. Wer genau weiß, auf welchen Plattformen das eigene Produkt immer wieder auftaucht, kann auch rascher reagieren.
- Informieren Sie sich auch über die Betreiber der jeweiligen Plattform. Wer steckt dahinter? Nach welchen Kriterien werden Beiträge gefiltert? Seriöse Betreiber überprüfen Beiträge nach Plausibilität und entfernen juristisch unzulässige Inhalte, wie zum Beispiel beleidigende Äußerungen.
- Überprüfen Sie Kooperationen mit den Betreibern, wie zum Beispiel regelmäßigen gegenseitigen Erfahrungsaustausch oder Bekanntgabe eines ständigen Ansprechpartners im Unternehmen.
- Richten Sie eine eigene Beschwerdeseite in Ihrem Internetauftritt ein. So erleichtern Sie den Weg für aufgebrachte Kunden, sich direkt bei Ihnen zu beschweren, statt den Weg über andere Internet-Orte zu suchen.
- Nehmen Sie Beschwerden im Internet ernst! Ignorieren Sie sie nicht, sondern nehmen Sie aktiv teil! Schreiben Sie eine Stellungnahme in die Foren, laden Sie Beschwerdeführer zu einem persönlichen Gespräch ein und nützen Sie dieses Medium positiv. Wer sich im Forum nicht versteckt, sondern sich im wahrsten Sinn des Wortes in die Höhle des Löwen wagt, beweist Kompetenz und betreibt aktive positive Imagekorrektur. Es macht schließlich weniger Spaß, über einen Anwesenden herzuziehen!
- Nutzen Sie auch externe Dienstleistungsunternehmen, die bei der Suche nach den eigenen Spuren im Netz behilflich sind. Manche PR-Agenturen spezialisieren sich zunehmend auf diesen Bereich. Für Hoteliers gibt es bereits eine spezielle Software, HotelProtect, die alle Bewertungsportale, Blogs und Ähnliches für Sie durchforstet.
- Formulieren Sie Ihre Stellungnahme ähnlich wie in der E-Mail und achten Sie auf eine möglichst verständliche Sprache, da viele, die den Beitrag lesen, nicht über den Kenntnisstand des Beschwerdeführers verfügen. Sie schreiben im Prinzip eine öffentliche Entgegnung, eine Information an alle.
- Nutzen Sie den positiven Imagewert, wenn sich der „oberste Boss" höchstpersönlich im Netz zeigt. So beweisen Sie, wie ernst Sie die

Beiträge im Internet nehmen und niemand kann Ihrem Unternehmen Überheblichkeit vorwerfen. Besonders, wer auf die Kunden von morgen zielt, sollte im Netz präsent sein.

- Internet-Beschwerden stellen einen wichtigen Informationspool dar. Nutzen Sie die Informationen, nehmen Sie Anregungen auf und erkennen Sie, wie Ihre Kunden denken, was Sie wünschen. Zielsetzung kann hier durchaus die Integration in den normalen Beschwerdemanagement-Prozess sein!

Eine persönliche Erfahrung zum Abschluss

Wir wissen, wie hilfreich die unterschiedlichen Hotelbewertungsportale sein können. Bevor wir ein Hotel buchen, stöbern wir erst einmal in diesen Foren. Wir erkennen immer wieder, dass sich in diesem Bereich notorische Nörgler tummeln, mit denen wir ganz sicher nicht den Urlaub verbringen würden. Übrigens ist das Kritikverhalten auch länderweise durchaus unterschiedlich: Während Amerikaner oft in Europa über zu harte Betten klagen, sind deutschsprachige Hobby-Hotel-Bewerter generell viel kritischer, nicht nur über nicht ausreichend vorhandene Strandliegen. In Summe ergibt sich aus der großen Anzahl jedoch meist ein umfassendes Bild, das sich in der Realität fast immer bestätigt hat. Was uns derzeit wundert: Warum nehmen Hotelmanager oder Besitzer fast nie Stellung in diesen mittlerweile wirklich bekannten Foren? Das habe ich erst einmal erlebt, bei einem ganz kleinen Riad in der Altstadt von Marrakesch: Da überwogen zwar weit die positiven Bewertungen, aber hin und wieder hat sich trotzdem auch eine kritische Stimme daruntergemischt. Doch jedes Mal kam sofort im Anschluss die Stellungnahme des Besitzers: in perfektem Englisch, abgefasst mit arabischer Höflichkeit und trotzdem mit einer präzisen, nachvollziehbaren Aussage. Das hat mich bewogen, dort zu buchen – und ich wurde nicht enttäuscht!

6. Eingehen auf schwierige Kunden

„Wenn wir die Menschen so nehmen, wie sie sind, so machen wir sie schlechter – wenn wir sie aber behandeln, als wären sie, wie sie sein sollten, so bringen wir sie dahin, wohin wir sie haben möchten."

Johann Wolfgang von Goethe

Jeder Kunde ist einmalig. Genauso ist daher auch jede Beschwerde einmalig. Trotzdem: Mit manchen Kundentypen kommt man einfach besser zurecht, mit manchen weniger. Da kann der einzelne Kunde oft wenig dafür, die Ursache liegt in unserem eigenen Wahrnehmungsmuster. Erinnert mich Kunde X mit seiner besserwisserischen Art an meinen unangenehmen Mathe-Lehrer aus der Schule? Oder Kundin Y mit ihrer ewigen Nörgelei an meine ehemalige Nachbarin, mit der ich ständig wegen Kleinigkeiten Diskussionen hatte? So kann es durchaus vorkommen, dass ein Kollege mit der einen Kundin wesentlich besser zurecht kommt und ihre Probleme nicht so recht nachvollziehen kann. Umso besser, damit haben wir schon die erste Strategie im Umgang mit „schwierigen" Beschwerdeführern:

Wechseln Sie die unternehmensinterne Ansprechperson aus. Manchmal hilft schon dieser kleine Trick um negative Emotionen zu bremsen und unvoreingenommen auf die Herausforderung „Beschwerde-Behandlung" zuzugehen.

Wir wollen hier stellvertretend für viele unterschiedliche einige häufige herausgreifen und Ihnen Tipps im Umgang mit diesen Beschwerdetypen geben. Doch beachten Sie stets die Tatsache, dass nicht jeder, der sich bei einer Reklamation oder Beschwerde in Ihrem Unternehmen wie der typische Besserwisser verhält, auch in jeder anderen Lebenslage so auftritt. Wir neigen stark zum „Schubladen-Denken" und ordnen Menschen sehr schnell in eine bestimmte Kategorie ein. Wer zum Beispiel schon beim ersten Beratungsgespräch besserwisserisch auf uns wirkt, von dem erwarten wir auch weiter ein ähnliches Verhalten. Oft werden wir dann auch nicht enttäuscht. Doch inwieweit tragen wir selbst dazu bei, indem wir auch anders auf diesen Kunden reagieren als auf einen „sympathischen"? Machen wir vielleicht einfach nur einen eher kritischen Kunden zum mühsamen Besserwisser, indem wir ihn so behandeln?

Schwierige Kundentypen „entstehen" somit sehr oft im eigenen Kopf. Bedenken Sie immer: Die Blockaden im Kopf des anderen kann ich nicht so leicht ändern – die im eigenen Kopf sehr wohl!

Der Besserwisser

Der besserwisserische Kunde verlangt vom ersten Moment an viel Zeit. Der Grundstein für spätere Beschwerden wird bei ihm oft schon beim ersten Kundenkontakt gelegt, wenn er zum Beispiel das Gefühl bekommt, man nimmt sich nicht genug Zeit für ihn. Dann kann er richtig hartnäckig werden und hunderte von Details geklärt wissen, bevor er sich entscheidet. Ist er dann nach dem Kauf auch nur mit einem kleinen Detail unzufrieden, scheut er nicht vor der Mühe einer Beschwerde zurück – ganz im Gegenteil, er gehört häufig in die Gruppe der notorischen Beschwerdeführer! Für ihn ist bis zu einem gewissen Grad der Kauf erst dann richtig abgeschlossen, wenn er dem Verkäufer bewiesen hat, dass seine anfänglichen Zweifel durchaus berechtigt waren. Fehler zu finden, gehört für ihn fast schon zum Vergnügen! Dagegen hasst er es, wenn er bloßgestellt wird, ihm eine Unkorrektheit aufgezeigt wird. Ihm geht es stets darum, Recht zu haben und das letzte Wort zu behalten.

Sätze, die Sie im Beschwerdegespräch mit ihm nie verwenden sollten:

- ☹ „Da haben Sie sicher Unrecht!"
- ☹ „Denken Sie erst mal logisch nach!"
- ☹ „Das zu beurteilen müssen Sie schon mir überlassen."
- ☹ „Ich als Experte rate Ihnen …"

Wie mit ihm umgehen?

- Der **Dank** über den für Ihr Unternehmen wertvollen Hinweis fällt bei ihm auf besonders fruchtbaren Boden. Er ist ja überzeugt, im Sinne aller Kunden zu handeln, wenn er Ihnen Schwachstellen aufzeigt.
- **Statt über Emotionen spricht er lieber über Fakten**, Zahlen und sonstige sachliche Details.
- Loben Sie **sein Hintergrundwissen**. *„Ich sehe, da haben Sie sich gut informiert"* ist ein Satz, mit dem Sie bei ihm sicher punkten.
- Gehen Sie auf seine **Liebe zum Detail** ein. Fragen Sie ganz genau nach, was er konkret meint. Er wird gerne und ausführlich seine Überlegungen darlegen. Beweisen Sie Geduld und hören Sie bewusst zu.
- Liefern Sie in Ihrer Stellungnahme auch **Detailinformationen**. Er wird es Ihnen danken, möglicherweise nochmals nachfragen, aber letztendlich doch das Gefühl bekommen, sein Nachfragen hätte sich für ihn gelohnt.
- Überzeugend wirkt beim Besserwisser auch jede Form von **schriftlicher Information**. Er nimmt auch gerne schriftliche Informationen mit, um sie in Ruhe durchzulesen. Wichtig ist für ihn auch, dass er bei sich aus der Lektüre ergebenden Fragen an Sie wenden kann.

- Der Besserwisser **mag keine Veränderungen**. Er weiß gerne, was auf ihn zukommt, spricht lieber mit vertrauten Personen, auch wenn er manchmal behauptet, sie seien inkompetent. Daher ist es für ihn wichtig, immer von der gleichen Person betreut zu werden. Es ist daher leichter, seine Beschwerde in der Verkaufsabteilung abzuwickeln, als ihn in die „Reklamationsabteilung" zu schicken.
- **Geben Sie ihm zumindest einmal im Gespräch Ihre Zustimmung**. Hört er, dass Sie ihm zustimmen, haben Sie oft schon den richtigen Schalter umgeknipst. Verkneifen Sie sich das anschließende „Aber", da reagiert er nur wieder mit Abwehr. Statt: „Ich stimme Ihnen zu, **aber** …" lieber: „*Sie stimme Ihnen hier zu* **und**…"
- Bei Beschwerden des Besserwissers am Telefon halten Sie die vereinbarten Details immer schriftlich in einer **Bestätigungs-E-Mail** fest.
- Beantworten Sie **schriftliche Beschwerden von diesem Kundentyp besonders ausführlich** und scheuen Sie sich nicht, alle diesbezüglichen Vorschriften, Gesetzestexte und Ähnliches anzuführen. Je mehr Beweise, desto besser.
- Vergessen Sie bei diesem Kunden nicht auf einen **Nachfassbrief**. Damit punkten Sie im Nachhinein und werten ihn und seine Beschwerde auf. Bedanken Sie sich gegebenenfalls nochmals und erklären Sie, was sich auf Grund der Kundenanregung alles geändert hat.

Besserwisser sind zwar mühsam, zeit- und energieaufwendig in der Beschwerdebearbeitung, sie haben aber einen entscheidenden Vorteil: Sind sie einmal überzeugt, sind sie treue Stammkunden, die auf Sie, Ihr Untenehmen und Ihre Produkte schwören!

Der negative Zweifler

Dieser Kundentyp stellt für jeden Kundenbetreuer eine besondere Herausforderung dar. Er ist grundsätzlich schon sehr schwer zu einer Zustimmung, einem Ja oder einem Verkaufsabschluss zu bewegen. Er ist voller Zweifel und Einwände. Es kann ganz schön an den Nerven eines Verkäufers zerren, wenn er selbst von seinem Produkt überzeugt ist und sein Kunde trotz aller Überzeugungsversuche ebendieses Produkt immer nur schlecht macht. Ist dann tatsächlich etwas nicht in Ordnung, sieht der Negative all seine Zweifel voll bestätigt. Da er auf Grund seiner negativen Erwartungshaltung der Meinung ist, dass sich Beschwerden höchstwahrscheinlich ohnehin nicht lohnen, dauert es meist sehr lange, bis er sich zu einer Beschwerde durchringt. Oft erfolgt das erst durch stetes und hartnäckiges Drängen einer anderen Person in seinem Umfeld, egal ob Ehefrau oder Chef. Das unterscheidet ihn auch von den meisten anderen Beschwerdeführern, die sich ja durch ihr Aufbegehren eine Verbesserung ihrer Situation erhoffen. Er erwartet sich nur das Schlechteste und ist daher umso schwerer vom Gegenteil zu überzeugen.

Sätze, die Sie im Beschwerdegespräch mit ihm nie verwenden sollten:

- ☹ „Das ist ja halb so schlimm!"
- ☹ „Sind Sie doch nicht so negativ!"
- ☹ „Kein Problem, das wird schon wieder."

Wie mit ihm umgehen?

- Legen Sie zunächst auf den Aufbau von **Vertrauen** zu diesem Kunden großes Augenmerk. Hat er erst einmal Vertrauen gefasst, ist er leichter zu überzeugen. Er sollte daher stets den gleichen Ansprechpartner haben.

- **Hören Sie ihm zu.** Das ist zugegebenermaßen eine ziemliche Geduldsleistung, weil der echte Negative ein eher schweigsamer Mensch ist. Man muss ihm die Details seiner Beschwerde richtiggehend aus der Nase ziehen. Fragen Sie immer wieder nach, möglichst mit der gleichen Formulierung. Warten Sie dann ab und geben Sie ihm Zeit für die Antwort. Hat er erst einmal erlebt, dass Sie die Antwort für ihn vorwegnehmen, kommt er aus seinem dunkelgrauen Schneckenhaus gar nicht mehr heraus.

- **Weniger ist bei ihm mehr!** Seine negative Einstellung wirkt wie eine Barriere im Kopf und blockiert seine Aufnahmefähigkeit. Überfahren Sie ihn daher nicht mit zu vielen Informationen auf einmal, sondern gliedern Sie Ihre Argumente in kleine Portionen. Hört er zu viele Argumente auf einmal, wird er nur noch misstrauischer.

- **Betonen Sie beim Negativ-Kunden stets das „Wir"**, holen Sie ihn in das gemeinsame Boot:
  „Wir werden uns das gemeinsam anschauen."
  „Wir klären das gemeinsam."
  „Da finden wir sicher eine passende Lösung."

- **Sicherheitsargumente** spielen beim Negativ-Kunden eine wichtige Rolle. Er will hören, was Sie bisher für Erfahrungen gemacht haben, was andere Kunden dazu meinen, wie erprobt eine Lösung ist. Er will keine neuen Dinge ausprobieren, keine Experimente mit Ihnen starten. Nur Erfahrung und Erprobtes schaffen das Vertrauen, das er benötigt, um sich zu entscheiden.

„Wir haben mit diesem Verfahren bisher gute Erfahrungen gemacht."
„Unsere Kunden sind damit sehr zufrieden."
„Unseren umfassenden Forschungen haben ergeben, …"
„Die Firma X, ein langjähriger Kunde, hat uns bestätigt, …"

- **Übertreiben Sie aber nicht** mit Ihren Erfahrungswerten und positiven Bewertungen durch andere. Der Negative hört sehr genau heraus, ob Sie versuchen, ihn „zu überfahren". Er reagiert empfindlich auf Übertreibungen und Unwahrheiten. Da er ja ohnehin davon überzeugt ist, dass Sie ihn nur möglichst schnell loswerden wollen und nicht wirklich an einer Lösung in seinem Sinn interessiert sind, fühlt er sich durch den leisesten Ansatz einer Übertreibung sofort in dieser Annahme bestätigt.
- **Lassen Sie ihm Zeit.** Drängen Sie ihn nie zu einer Entscheidung. Stellen Sie in dieser Phase Fragen, die ihm bei der Entscheidung helfen und ihn noch nicht vor die endgültige Wahl stellen. Klären Sie gemeinsam mit ihm die für ihn wichtigen Details Ihres Vorschlages.
- **Überfahren Sie ihn nicht mit positivem Denken.** Bestätigen Sie ihm besser auf der emotionalen Ebene seine Verärgerung.
- **Wiederholen Sie, was er gesagt hat** – möglichst auch mit seinen Worten. Das signalisiert ihm, dass Sie seine Bedenken ernst nehmen. *„Mhm, habe ich Sie richtig verstanden, es geht Ihnen um Punkt X?"*
- Erkennen Sie einen **echten Einwand oder Vorwand**. Wenn der Kunde nun seinen Einwand wiederholt, können Sie sehen, ob es sich dabei um einen echten Einwand, eine Besorgnis des Kunden oder um einen Vorwand handelt. Es macht nämlich wenig Sinn, auf einen Vorwand einzugehen, der dem Kunden kein wirkliches Anliegen ist, den er nur äußert, um die Entscheidung hinauszuschieben oder die Argumente seines „Antreibers im Hintergrund" vorzubringen.
- Verwenden Sie die **Waage-Methode**: Einem echten Einwand können Sie dann ein positives Argument gegenüberstellen. Helfen Sie dem Kunden weiterzudenken. Was ist, wenn der Einwand entkräftet ist? *„Wenn wir Punkt X gemeinsam klären, ist dann dieses Vorgehen für Sie vorstellbar?"*

- Im Beschwerdegespräch mit einem negativen Kunden sollten Sie immer ganz bewusst vor Augen haben, wo Ihr **gemeinsamer Nenner** mit diesem Kunden ist. Auch wenn er grundsätzlich nur sehr schwer zu einem „Ja" zu bewegen ist – der einzige Weg dorthin führt über diesen gemeinsamen Nenner. Das Betonen einer grundsätzlichen Übereinstimmung ist das Hauptanliegen. Hat ein Negativer einmal „Ja" gesagt, kann das Gespräch wieder durchstarten. Hat er sich jedoch einmal in seiner Negativ-Position verschanzt, wird es schwierig. *„Herr Schwarz, sind wir uns einig, dass Sie mit unserem Produkt X im letzten Jahr zufrieden waren?"*

Sehen Sie einen negativen Kunden als Herausforderung an Ihre professionellen Fähigkeiten. Lassen Sie sich aber keinesfalls von so einem Typ die grundsätzliche Motivation rauben. Im Mittelpunkt steht nicht Ihre Person, das Problem steckt „im Rucksack" dieses Kunden, er trägt seine Zweifel, seine Angst und sein Misstrauen mit sich herum. Helfen Sie ihm mit dieser Last ein wenig besser fertig zu werden, indem Sie ihm Vertrauen und Selbstvertrauen geben. So kann auch ein „Berufspessimist" durchaus zum zufriedenen und treuen Kunden werden.

Der tobende Vulkan

Der Vulkan ist ein sehr gefühlsgesteuerter Mensch. Umso heftiger sind auch seine Gefühlsausbrüche, wenn er sich dazu veranlasst sieht, eine Beschwerde vorzubringen. Da genügen oft nur Kleinigkeiten und er fährt aus der Haut. Auf der anderen Seite kann es durchaus passieren, dass ein gröberer Mangel ungeahndet bleibt, weil er sich im Moment einfach in einer anderen Stimmungslage befindet. Das macht den Vulkan-Kunden zur unberechenbaren Größe. Doch Größe hat er zweifelsohne, wenn er mit aller Gewalt als Beschwerdeführer über Sie „hereinbricht".

In Momenten gefühlsmäßiger Entladung ist er unfähig, auch nur einen Schritt weit logisch zu denken. Alles wird von seinem Gefühl, meist Wut und Zorn, dominiert. Mitten in so einem Anfall ist er unfähig, seine Gefühle und Reaktionen zu beherrschen. Er verliert dabei völlig den Blick für die Grenzen und Distanzen. Seine Äußerungen können zutiefst beleidigend sein. Auch wenn er noch so verletzende Dinge von sich gibt, er ist unfähig, sie zurückzuhalten. Ist der erste Zorn einmal verraucht, tun ihm Beleidigungen durchaus leid, aber was soll's, er war ja aus seiner Sicht im Recht!

Sätze, die Sie im Beschwerdegespräch mit ihm nie verwenden sollten:

- ☹ „Regen Sie sich doch nicht so auf!"
- ☹ „Bleiben wir doch sachlich!"
- ☹ „Beruhigen Sie sich erst einmal."

Wie mit ihm umgehen?

- Zunächst hilft nur eines: **Austoben lassen**! Nehmen Sie sich Zeit und lassen Sie das Donnerwetter über sich ergehen. Bleiben Sie dabei bei einer offenen Körpersprache, ohne übertriebene Ruhe oder auch Angst zu zeigen.
- Signalisieren Sie **Verständnis auf der emotionalen Ebene**. *„Ich verstehe Ihre Verärgerung."* *„Ich sehe, diese Angelegenheit hat Sie persönlich sehr betroffen gemacht."* *„Ich kann Ihre Emotion nachfühlen."*
- Setzen Sie ruhig noch einen Trick drauf: Zwingen Sie den Vulkan durch eine **Frage**, auch noch den letzten Rest Lava herauszulassen. Sie werden feststellen, dass der Ärger zunehmend verraucht und die Schilderung des Vorgefallenen zunehmend sachlicher wird.
- Um die „Ansteckungsgefahr" auf andere Kunden zu vermeiden, sollten Sie so einen Beschwerdeführer möglichst **von der Bühne holen**. Bitten Sie ihn in ein Nebenzimmer – dort beruhigt er sich möglicherweise schneller, weil ein Ausbruch ohne Publikum auch weniger Freude macht.
- Sprechen Sie ihn nach Möglichkeit mit seinem **Namen** an. Er will persönlich wahrgenommen werden und oft ist sein Name ein wichtiges Signal, das ihn eine Spur weit zur Besinnung bringt.
- Der Vulkan beschwert sich **am liebsten persönlich**. Wird er gezwungen, sich telefonisch zu beschweren, kann das zu noch größeren Grobheiten und Beleidigungen führen. Ihm fehlt dann ganz einfach die persönliche Ansprache. Lassen Sie ihn austoben, es hat wenig Sinn, ihn jetzt zu unterbrechen. Nehmen Sie seine Beleidigungen nicht persönlich – es ist ihm völlig egal, wer da am anderen Ende des Telefons seine Tiraden über sich ergehen lassen muss.
- Notfalls **vertagen** Sie die Lösung auf ein späteres Gespräch. Oft ist der Vulkan bei einem neuen Anlauf plötzlich durchaus gesprächsbereit.
- Achten Sie auf Ihre **Körpersprache**. Halten Sie den Blickkontakt. Wer erst einmal die Augen zu Boden schlägt, hat beim Vulkan schon

verloren. Genauso ist es wichtig, körpersprachlich nicht zurückzuweichen. Achten Sie auf eine selbstbewusste Sitzposition, wenn Ihr Kunde auch sitzt. Steht er, stehen Sie auch auf – mit beiden Beinen fest am Boden. Der Vulkan möchte ein Gegenüber, das seine Gefühlslage spiegelt und ihm so zu verstehen gibt, dass es seine Emotionen nachempfinden kann.

- Zeigen Sie daher ruhig auch Ihre **eigenen Emotionen**. Souveräne Gelassenheit treibt den Vulkan erst recht auf die Palme. Was er auch schwer verkraftet ist, wenn er von seinem Gesprächspartner durch Barrieren getrennt ist. Verschanzen Sie sich daher nicht hinter einem Verkaufspult, sondern gehen Sie auf den Kunden zu, auch wenn es Überwindung kostet.
- Der Vulkan ist ein Mensch, der mit all seinen Sinnen wahrnimmt. Als kleine Geste der **Wiedergutmachung** schätzt er daher etwas zum Angreifen, wie zum Beispiel eine Flasche Wein, mehr als einen Gutschein über einen Geldbetrag. Er will lieber etwas „Echtes" in den Händen halten.

Die positivste Eigenschaft so eines Vulkan-Kunden: Er ist nicht nachtragend, kann nicht so optimal gelaufene Geschäftsfälle abhaken und weiß um seine Schwächen. Wer gelernt hat, sich mit so einem Kunden zu arrangieren, der wird nicht selten selbst eine kleine Geste der Wiedergutmachung erhalten: einen großen Blumenstrauß als Entschuldigung für den heftigen Auftritt vom Vortag!

Der scheinheilig-verständnisvolle Kunde

Diese Spezies von Kunden ist besonders heimtückisch. Offene Kritik hören Sie von so einem Kunden kaum.

> „Ich verstehe Sie ja …"
> „Sie haben ja auch Ihre Vorgaben"
> „Sie tun ja nur Ihre Pflicht"

Sätze wie diese gehören ins Standardrepertoire des „Scheinheiligen". Damit gewinnen wir oft den Eindruck, die Sache wäre geklärt und der Kunde zufriedengestellt. Doch wie aus heiterem Himmel landet von oberster Stelle plötzlich eine weitergeleitete schriftliche Beschwerde auf Ihrem Tisch, mit der Bitte um Stellungnahme. Was ist da passiert? Dieser Kundentyp scheut den offenen Konflikt, er will ja möglichst alles gütlich regeln – zumindest vordergründig. Gleichzeitig treiben ihn hohe innere Werte doch zu einer Beschwerde: Wenn er etwas als nicht richtig empfindet, lässt es ihm keine Ruhe. Großzügigkeit ist nicht seine Sache. Insgeheim ärgert er sich ja auch über seine Harmoniesucht, die im inneren Wettstreit mit seinen inneren moralischen Ansprüchen steht.

Sätze, die Sie im Beschwerdegespräch mit ihm nie verwenden sollten:

- ☹ „Was passt Ihnen denn nicht?"
- ☹ „Ist das Ihre ehrliche Meinung?"
- ☹ „Wollen Sie, dass ich gegen die Regeln handle?"

Wie mit ihm umgehen?

- Diesem Kundentyp ist **Seriosität** besonders wichtig. Er will nur mit Unternehmen zu tun haben, die hohe Ansprüche an die Ethik stellen. Weisen Sie auf Ihre hohen Ansprüche in diesem Bereich hin. Das überzeugt ihn. Betonen Sie stets die Seriosität Ihres Vorgehens.
- Lassen Sie Ihn **ausreden**. Fragen Sie ihn um seine Meinung und bleiben Sie gelassen, wenn er ihnen dann längere Vorträge über seine Weltanschauungen hält. Erst wenn das Thema Moral abgehandelt ist, kann zum sachlichen Teil der Beschwerde übergegangen werden.
- Er schätzt Bewährtes. Technische Neuerungen sind ihm nicht so wichtig, er vertraut mehr auf **Erfahrungswerte**. Betonen Sie, wie viele Kunden mit Ihrem Produkt zufrieden sind und nennen Sie ihm Referenzen.
- Er ist meist misstrauisch und unsicher. Argumentieren Sie daher mit der größtmöglichen Sicherheit.
  „Dieser Vorschlag sichert Ihnen …"
  „Das bringt Ihnen …"
  „Unser Unternehmen versichert Ihnen …"
- Überfahren Sie ihn **nicht mit zu vielen Details**. Weisen Sie lieber auf die langjährige Kundenbeziehung hin. Er ist stolz auf seinen Status als Stammkunde.
- Begegnen Sie ihm mit betont **offener Körpersprache**. Wenn Sie merken, dass er sich körpersprachlich zurückzieht, versuchen Sie ihn wieder für Ihre Argumente zu öffnen, indem Sie ihm zum Beispiel ein Schriftstück, einen Prospekt oder eine Warenprobe reichen. In dem Moment, in dem er danach greift, hat er seine Haltung wieder geöffnet, Sie haben seine Abwehr zumindest für kurze Zeit durchbrochen.

- Achten Sie stets auf korrekte und immer **gleichbleibende Rahmenbedingungen**. Einmal vereinbarte Konditionen behält er gerne bei. Das gibt ihm Sicherheit.
- Bei Beschwerden hat er oft völlig **ungerechtfertigte Anschuldigungen**. Fragen Sie genau nach, was er wirklich meint. Hinter seiner Beschwerde steckt oft ganz etwas anderes, als er ihnen sagt. Es fällt ihm zum Beispiel ausgesprochen schwer, über eigene Probleme zu reden.
- **Stellen Sie ihn nie bloß**. Haben Sie ihm ein eigenes Fehlverhalten nachgewiesen, wird er Ihnen das nie verzeihen. Er ist nachtragend und hat ein gutes Gedächtnis. Vermeiden Sie es daher, ihn in die Enge zu treiben.
- Da er sich lieber schriftlich beschwert, nehmen Sie auch **ausführlich schriftlich** Stellung. Er bevorzugt längere und genaue Beschreibungen und Details. Beziehen Sie in die Beschwerdebeantwortung auch eine weitere bzw. höhere Instanz im Unternehmen ein, das stärkt das Obrigkeitsdenken dieses Kundentyps.
- **Dokumentieren** Sie die Vorgänge rund um den Beschwerdefall genau. Nicht selten sind solche Fälle ziemlich langwierig und Details werden dabei oft vergessen. Machen Sie sich bei Gesprächen genaue und ausführliche Notizen.
- Auch wenn er gerne schriftlich über seine Reklamation verhandelt – **greifen Sie trotzdem zum Telefon**. Holen Sie sich sein Feedback, lassen Sie ihn sein Einverständnis auch formulieren, was Ihnen im Gespräch wesentlich leichter gelingen wird. Hat er einmal „Ja" gesagt, fällt es ihm schwer, zu widerrufen.
  „Wenn wir dieses Detail ändern, ist dann für Sie die Lösung akzeptabel?"
  „Sind Sie so einverstanden?"
  „Ich habe mir folgende Abmachung notiert: … Ich sende Ihnen noch eine diesbezügliche Bestätigungs-Mail. Ist der Punkt für Sie somit geklärt?"

Der zynische Beschwerdeführer

Es gibt Menschen, für die ist das Aufzeigen von Fehlern bei anderen fast schon ein beliebter Freizeitsport. Mit der feinen verbalen Klinge suchen Sie die Schuld beim Unternehmen und mögliche (für sich positive) Konsequenzen. Sich zu beschweren hat bei ihm immer eine Art Duell-Charakter. Es geht nicht um plumpe Wutausbrüche, sondern um geschliffene Rhetorik. Dieser Kunde beschwert sich stets nur verdeckt aggressiv. Er ist meist ein guter Beobachter, erkennt Schwachstellen bei seinem Gegenüber schnell und bohrt dort genau schonungslos nach. Er kann genau deswegen so verletzend sein. Es fällt einfach sehr schwer, seine scheinbar sachlich vorgebrachte Kritik nicht persönlich zu nehmen. Er scheint nahezu zu ahnen, wo er am meisten „treffen" kann.

Sätze, die Sie im Beschwerdegespräch mit ihm nie verwenden sollten:
- ☹ „Ich sehe, Sie wollen sich mit mir auf ein rhetorisches Duell einlassen."
- ☹ „Wenn Sie es so sehen, wird das schon richtig sein …"
- ☹ „Sie glauben wohl, Sie können mit dieser Art uns gegenüber alles erreichen!"

Wie mit ihm umgehen?
- Lassen Sie sich nach Möglichkeit **nicht auf ein rhetorisches Duell** mit dem Zyniker ein. Es ist sehr schwer, so ein Duell zu gewinnen. Übergehen Sie persönliche Angriffe und bringen Sie das Gespräch immer wieder auf die Sachebene.
- Achten Sie auf eine sehr **bestimmte Formulierung**. Vermeiden Sie Möglichkeitsformen. Diese legt der Zyniker sofort als Schwäche aus und er fährt zur Höchstform auf. Unterstreichen Sie Ihre Sprache durch eine sehr selbstsichere und bewusste Körpersprache.
- **Wiederholen Sie seine Anschuldigungen** und **notieren** Sie diese mit. Oft relativiert er dann seine Aussagen, weil er überzogene Äußerungen nicht so gerne Schwarz auf Weiß niedergeschrieben haben will.
- Zwingen Sie ihn durch **Nachfragen,** klar Stellung zu beziehen. Fragen schätzt er grundsätzlich nicht, da er genau diese Taktik der Gesprächsführung selbst gerne praktiziert. Er wird daher bevorzugt mit einer Gegenfrage antworten. Lassen Sie sich dadurch nicht verunsichern, sondern bleiben Sie einfach bei Ihrer Taktik und fragen Sie nach weiteren Details.
- **Bereiten Sie sich gut** auf ein Beschwerdegespräch mit dem Zyniker **vor**. Zahlen, Fakten und überprüfbare Beweise müssen eindeutig sein. Bieten Sie lieber einen Rückruf an, wenn Sie am Telefon

überfahren werden. Mailen Sie dem Kunden im Anschluss an das Gespräch die vorbereiteten Unterlagen.

- **Entwaffnen** Sie den Zyniker durch eine lächelnd vorgebrachte Frage nach seinem Wohlergehen. Genau diese Frage hört er selten, andere Menschen sprechen ihn kaum je auf seine Gefühle an, weil er genau das ja nicht gerne zulässt.
- Hat Sie ein Zyniker einmal wirklich persönlich sehr verletzt, stehen Sie auch zu diesem Gefühl. Mit offenen Verletzungen des Gegenübers kann er nämlich wenig anfangen und verliert die Freude am Duell. Formulieren Sie in so einem Fall beispielsweise:
„Diese emotionale Kritik hat mich betroffen gemacht und persönlich verletzt. Ich kläre gerne die Sachlage, möchte aber keine persönlichen Argumente ins Gespräch bringen."

Scheuen Sie sich nicht, einem zynischen und unfair agierenden Beschwerdeführer auch einmal deutlich die Grenzen aufzuzeigen. So wie viele andere negativen Verhaltensweisen wendet er seine Taktik meist unbewusst an. Auf der Suche nach den eigenen Grenzen benehmen sich Kunden in unserer stark kundenorientierten Welt oft einmal nicht korrekt. Bedenken Sie jedoch immer, dass meist ein persönliches Problem oder Defizit hinter der für Sie so unangenehmen Verhaltensweise steckt. Wer selbstsicher durchs Leben geht, wird auch im schlimmsten Beschwerdefall nach einer fairen Lösung suchen – ohne Beleidigungen, Wutausbrüche und taktische Finten.

Tipp für schwierige Beschwerdeführer

Gehen Sie trotz unangenehmer Erfahrungen positiv und ohne Misstrauen auf Ihre Kunden zu. Nicht hinter jedem guten Rhetoriker verbirgt sich ein Zyniker, nicht jeder verständnisvolle Mitmensch ist ein scheinheiliger, konfliktscheuer „Hinten-herum-Reklamierer".

7. Wie lässt sich Beschwerden vorbeugen?

Was ein Beschwerde-Frühwarnsystem für Ihr Unternehmen tun kann – und wo Sie als Mitarbeiter gefragt sind …

Professionelles Behandeln einer Beschwerde erfordert viel Geduld, Energie und persönlichen Einsatz. Von vielen Mitarbeitern wird diese Zeit als „verloren" angesehen, da sie ja – wie in Kapitel 1 beschrieben – in dieser Zeit keinen Verkauf tätigen und damit auch keinen direkten Umsatz machen können. Vielleicht haben sie diesen Kunden ursprünglich nicht selbst bedient und müssen sich jetzt mit den „Spätfolgen" eines schon getätigten Umsatzes herumplagen. Wäre es da nicht viel besser, Beschwerden möglichst zu unterbinden – zu verhindern, dass Kunden, die schon gekauft haben, nochmals „arbeitsintensiv" werden?

Diese Reaktion seitens der Kundenbetreuer ist menschlich verständlich und in der Realität auch sehr häufig anzutreffen. Das folgende Beispiel ist nicht von uns erfunden, sondern Realität. Wir führen es als sehr negatives Beispiel im Beschwerdemanagement hier an:

> „Beschwerden bitte zwischen 14:00 und 14:30 Uhr, Zimmer 763, 5. Stock, und bitte nur mit vorher in Zimmer 521, 3. Stock, gelöster Nummer"

Wenn ich es meinen Kunden sehr schwer mache, sich zu beschweren, werden sie das auch weniger tun und ich hab mehr Zeit, andere Kunden zu bedienen. Offen wird diesen Gedanken vermutlich niemand aussprechen, widerspricht er doch allen gängigen Überlegungen zur Kundenbindung. Doch wie bekomme ich als Kunden-Service-Verantwortlicher diesen Gedanken gegebenenfalls aus den Köpfen meiner Mitarbeiter?

Machen Sie Ihren Mitarbeitern klar, dass der Verkaufsvorgang nicht mit dem Klingeln in der Kassa abgeschlossen ist. Der so genannte „After-Sales-Service" wird in Zeiten heftigen Wettbewerbs immer wichtiger. Er ist Teil des Produkts, gehört zur Leistung genauso dazu wie eine korrekt geschriebene Rechnung. Ein Kunde, der sich beschwert, ist ein aktiver, an unserem Unternehmen interessierter Kunde. Er ist somit ein wesentlich wertvollerer Kunde als ein stillschweigend abgewanderter Kunde. So wird aus der „lästigen" Beschwerde ein wichtiger Aktivposten. Jedes Unternehmen, das auf Qualität Wert legt, braucht daher sich beschwerende Kunden genauso dringend, wie Neukunden. Hier geht es also nicht darum, Beschwerden zu verhindern, sondern ganz im Gegenteil: Es geht darum, Beschwerden zu stimulieren. Nur so erhalten Sie und Ihr Unternehmen wertvolle Hinweise, wie Ihre Produkte oder Dienstleistungen nachhaltig verbessert werden können.

Beschwerde-Stimulierung

Untersuchungen ergeben immer wieder das gleiche Bild: Bis zu 80 % aller unzufriedenen Kunden verzichten darauf, sich zu beschweren. Sie wandern ab und betreiben negative Mundpropaganda. Es ist daher im Interesse des Unternehmens, solche Kunden dazu zu bewegen, den Unmut gegenüber dem Unternehmen zu äußern und nicht gegenüber Dritten. Dieser Teil des Beschwerdemanagements (siehe dazu auch Kap 1 „Aufgaben des Beschwerdemanagements") ist aus unserer Sicht eine der wesentlichen Aufgaben der Geschäftsleitung bzw. des Vertriebs, um das Ohr an der Basis, an Ihren Kunden, zu haben.

Wie aber mache ich es meinen Kunden einfach, sich zu beschweren? Wir empfehlen Ihnen, bestimmte für Ihr Unternehmen geeignete Beschwerdekanäle einzurichten, um Beschwerden direkt an Ihr Unternehmen umzuleiten und eine Imageschädigung weitgehend zu vermeiden:

Einrichtung von Beschwerdekanälen

Die wichtigste Voraussetzung ist das Schaffen von geeigneten Wegen, die ein potenzieller Beschwerdeführer gehen kann.

- Gibt es eine eigene Ansprechperson für Beschwerden?
- Kennt jeder im Unternehmen diese Person und wann sie zu Verfügung steht?
- Wie kommt der Kunde an diese Information?
- Ist die Postadresse auf der Rechnung gut erkenntlich? Weiß der Kunde, wohin er einen Beschwerdebrief schicken kann?
- Gibt es Hinweise auf eine eigene Kontakt-E-Mail-Adresse für Kundenanliegen?
- Gibt es auf der Homepage einen klar erkennbaren Weg zu einem Kontaktformular für Kunden-Feedback?

Verstecken Sie diesen Feedback-Button nicht einfach unter dem Begriff „Kontakt". Das ist für den Kunden zu unspezifisch. Besser ist es, Bezeichnungen wie „Ihr Feedback an uns" oder „Sagen Sie uns Ihre Meinung" zu wählen und diese auf der Frontseite klar erkenntlich zu machen.

- Bekommt der Kunde die Information über die Telefonnummer des für ihn zuständigen Kundenbetreuers?
- Gibt es eine Notfall-Nummer für besonders dringende Fälle?

- Gibt es im Unternehmen eine Art „Beschwerdebriefkasten"?
- Hat der Kunde die Wahl zwischen mehreren Kommunikationskanälen?

Bieten Sie unzufriedenen Kunden einen „Call-me-back-Service" an: So spart der Kunde seine eigenen Telefonkosten, Sie können vorbereitet in das Beschwerdetelefonat gehen. Stellen Sie diesen Service auch auf Ihrer Internetseite vor.

Nehmen Sie Ihrem Kunden so viel wie möglich Arbeit ab: Bei Kontaktformularen im Internet können Sie ihm Kategorien vorgeben. Zusätzlich benötigt er aber immer auch Raum für zusätzliche Anmerkungen.

Haben Sie eine sehr jugendliche Kundenschicht? Nutzen Sie die Möglichkeit, sich auch mit SMS beschweren zu können! Da ist die Hemmschwelle geringer und Sie können telefonisch „nachfassen". Viele Unternehmen verfügen schon über ein SMS-Bestellservice, aber diesen Service bieten noch wenige an! Nutzen Sie diesen Vorsprung!

Kunden müssen über diese Beschwerde-Kanäle Bescheid wissen. Nutzen Sie dafür alle möglichen Informationsmittel:

- Rechnungen und Kassabons
- Gebrauchsanweisungen
- Informationsbroschüren
- Allgemeine Geschäftsbedingungen
- Briefformulare
- Visitenkarten
- Verpackungen
- Homepage

Beschwerde-Frühwarnsystem

Beispiel

Familie Groß war im letzten Sommer in einem teuren Fünf-Sterne-Hotel am See. Die Gegend, das Wetter und der Strand waren wunderbar. Doch das Hotel hatte gravierende Mängel. Herr Groß hat sich schon vor Ort beschwert – ohne Erfolg. Wieder zu Hause erfolgte ein reger E-Mail-Wechsel über all die zu beanstandenden Tatbestände. Da kein Entgegenkommen seitens des Hotels erkennbar war, drohte Herr Groß schließlich mit dem Anwalt. Doch wie so häufig siegte die Bequemlichkeit und schön langsam senkte sich auch etwas „der Mantel des Vergessens" über den misslungenen Aufenthalt. Doch da erhielt er eines Tages folgende E-Mail:

Von: Julius Sommer [julius.sommerr@kurhotel.einzigartig.com]

Gesendet: Samstag, 7. Januar 2009 03:00

An: egon.gross@mailmail.com

Betreff: Ihr Aufenthalt im Hotel Einzigartig

Lieber Herr Groß,

ich hoffe, Ihr letzter Urlaub in unserem wunderschönen Hotel hat Ihnen gefallen und sie konnten sich rundum gut erholen. Möchten Sie so wie fast alle unserer treuen Stammgäste wieder Ihren Urlaub in unserem Hotel verbringen? Gerne würden wir Ihnen bei Ihrer Urlaubsplanung behilflich sein und haben Ihnen schon mal die aktuellen Angebote für den Frühling herausgesucht. Suchen Sie sich doch das für Sie passende Angebot aus der untenstehenden Tabelle. Wir freuen uns, wenn Sie – egal, ob mit Familie oder auch mit Freunden – wieder zu uns finden!

Einzigartige Grüße,

Ihr

J. Sommer

Hotelmanager

Herr Groß hat gleich einmal seinen Anwalt kontaktiert …

Marketing-Maßnamen rechnen sich nur dann, wenn Sie möglichst großflächig durchgeführt werden. Da kann so ein Missgeschick schon einmal passieren. Oder wäre das zu verhindern gewesen? Aus unserer Sicht könnten Unternehmen viel Zeit, Ärger und Geld sparen, wenn sie ihre Prozesse auf solche Missstände hin optimieren würden. Ein funktionierendes Beschwerde-Frühwarnsystem kann dabei entscheidend helfen.

Es geht also in einem guten Beschwerdemanagement immer auch darum, Beschwerde-Tatbestände zu erkennen, Beschwerden möglichst früh zu erfassen und richtig darauf zu reagieren.

- **Kommen Sie dem Kunden zuvor.** Manchmal liegt es auf der Hand, dass Kunden unzufrieden reagieren werden. Wenn Sie zum Beispiel Lieferschwierigkeiten haben, warten Sie nicht erst ab, ob vielleicht doch noch ein Wunder geschehen wird und die Ware rechtzeitig kommt – informieren Sie den Kunden lieber rechtzeitig über den bevorstehenden Lieferverzug. So kann er planen und reagieren.

- **Schaffen Sie eigene „Sonderzielgruppen":** Hat sich ein Kunde schon einmal beschwert, ist es wichtig, ihn gesondert zu betrachten. Nehmen Sie ihn unbedingt aus Ihrer „normalen" Mailingliste heraus, um Vorkommnisse wie im eingangs geschilderten Beispiel zu verhindern. Mit einem eigenen Schreiben, in dem nochmals auf die Erstbeschwerde eingegangen wird und wie in einem „Nachfassbrief" nochmals versucht wird, den Kunden wieder zu gewinnen, werden Marketingziele eher erreicht als mit einer 08/15-Standard-Mail.

- **Nehmen Sie Ihre Kunden ernst.** Hat ein Kunde gebeten, von der Mailingliste gestrichen zu werden, dann reagieren Sie auch darauf. Wollen Sie ihn wiedergewinnen, rufen Sie ihn lieber an, wenn Sie wieder ein geeignetes Angebot für ihn haben. Hören Sie auch genau hin, wenn ein Kunde gerade noch nicht eine Beschwerde formuliert hat, sondern nur „zwischen den Zeilen" Unmut geäußert hat. Fragen Sie nach und klären Sie Missverständnisse gleich auf.

- **Erkennen Sie Trends.** Kundenbedürfnisse ändern sich im Laufe der Zeit. Bevor Kunden eine konkrete Unzufriedenheit äußern, steht oft ein längerer Meinungsbildungsprozess – nicht selten von Blogs, Rankings und Bewertungsportalen im Internet beeinflusst. Betreiben Sie daher aktives „Internet-Monitoring" (siehe Kap. 5.2) und erkennen Sie so rechtzeitig Trends und veränderte Kundenbedürfnisse.

- **Reden Sie mit Ihren Kunden.** Die beste Informationsquelle sind immer noch persönliche Gespräche mit den Kunden – auch mit den zufriedenen. Nutzen Sie Anregungen von Kundenseite, wenn sie auch scheinbar noch so unbedeutend sind. Animieren Sie Ihre Mitarbeiter dazu, diese Anregungen zu dokumentieren. Schaffen Sie dafür Kategorien, die das Eintragen erleichtern. Ein gutes CRM-System hilft dabei.

- **Coachen Sie Ihre Mitarbeiter.** Wer tagtäglich im Kundenkontakt arbeitet, stößt manchmal an seine Grenzen. Da wird jede Form von

Unterstützung benötigt: Weiterbildungsveranstaltungen, Motivationsgespräche und individuelle Hilfestellungen bei Überlastung. Besonders Vorgesetzte sollten mit gutem Beispiel vorangehen und sich auch bei Not am Mann einem Beschwerdegespräch stellen.

- **Beschwerdemanagement geht alle an.** Jeder, wirklich jeder im Unternehmen ist gefragt: von der Putzfrau über den Portier bis zum Generaldirektor. So erfahren zum Beispiel die Reinigungskräfte im Krankenhaus oft viel mehr über die wahren Wünsche und Bedürfnisse von Patienten als der ärztliche Leiter. Binden Sie daher alle in diese Aufgabe ein. Sollte es in Ihrem Unternehmen eine „Beschwerdestelle" geben, machen Sie den anderen Mitarbeitern klar, dass deswegen ihre Verantwortung gegenüber unzufriedenen Kunden nicht wegfällt. Alle im Unternehmen sitzen im gleichen Boot, wenn es um den Kunden geht. Das Wegdelegieren von unangenehmen Gesprächen an eine Stelle, die nicht unmittelbar hilft, sollte die zweite Stufe Ihres Beschwerdemanagements sein. Dadurch können alle gemeinsam den Erfahrungsschatz, den Kundenbeschwerden in sich bergen, nutzen.

- **Integrieren Sie Lob.** Der Begriff „Beschwerde" ist stets negativ besetzt. Viele plädieren daher dafür, diesen Bereich als „Kunden-Feedback-Management" zu bezeichnen. Das ist zugegebenermaßen ein sehr sperriger Begriff. Wie auch immer Sie diesen Unternehmensbereich nennen, beziehen Sie auf alle Fälle auch positive Rückmeldungen Ihrer Kunden mit ein. So entsteht ein abgerundetes Bild von den Kundenbedürfnissen, denen sie gegenüberstehen. Gut geeignet, um Feedback von Kunden zu erhalten, sind eigens dafür vorgesehene Feedbackbögen, Feedbackbriefkästen etc. Belohnen Sie Kunden, die sich die Mühe machen, solche Bögen auszufüllen mit einer kleinen Aufmerksamkeit, wie eine kleinen Gutschein für den nächsten Einkauf, einer Blume oder einer Schokolade. Es ist ja nicht selbstverständlich, dass sich Kunden bemühen, Ihre Dienstleistung zu verbessern!

Viele dieser Präventivmaßnamen zielen darauf ab, die Kundenloyalität zu erhöhen. Tatsächlich ist diese Zielsetzung für die Zukunft sehr wichtig. Die Realität sieht derzeit vielfach anders aus: Die Kundenbindung sinkt, die Serviceansprüche werden immer höher und die Konkurrenz versucht alles, um Ihre Kunden abzuwerben.

Doch die Neugewinnung von Kunden wird im Vergleich zur Kundenbindung immer teurer. So stehen wir einem enormen Wettbewerb und gleichzeitig einem immer größer werdenden Kritikbewusstsein der Konsumenten gegenüber.

Überlassen Sie daher die Pflege Ihrer Kundenbeziehungen nicht einfach dem Zufall. Betreiben Sie aktives und zielgerichtetes Kundenbeziehungsmanagement. Erheben Sie Daten aus Beschwerdefällen nicht nur, nutzen Sie diese Daten auch! Machen Sie Ihr Beschwerdemanagement für Ihre Mitarbeiter und Kunden transparent, nachvollziehbar und hilfreich. So sind Sie auf dem richtigen Weg, eine Beschwerde nicht nur als Bürde, sondern ein klein wenig auch als Geschenk zu sehen!

Anhang: Buchstabier-tabellen

	Deutsch	Österreich	Englisch	Amerika-nisch	International	NATO
A	Anton	Anton	Andrew	Abel (ei)	Amsterdam	Alfa
Ä	Ärger	Ärger				
B	Berta	Berta	Benjamin	Baker	Baltimore	Bravo
C	Cäsar	Cäsar	Charlie	Charlie	Casablanca	Charlie
Ch	Charlotte					
D	Dora	Dora	David	Dog	Dänemark	Delta
E	Emil	Emil		Edward	Easy	Edison
F	Friedrich	Friedrich	Frederick	Fox	Florida	Foxtrott
G	Gustav	Gustav	George	George	Gallipoli	Golf
H	Heinrich	Heinrich	Harry	How	Havanna	Hotel
I	Ida	Ida	Isaac	Item	Italia	India
J	Julius	Julius	Jack	Jig	Jerusalem	Juliet
K	Kaufmann	Konrad	King	King	Kilogramm	Kilo
L	Ludwig	Ludwig	Lucy	Love	Liverpool	Lima
M	Martha	Martha	Mary	Mike	Madagaskar	Mike
N	Nordpol	Nordpol	Nellie	Nan	New York	November
O	Otto	Otto	Oliver	Oboe	Oslo	Uscar
Ö	Ökonom	Österreich				
P	Paula	Paula	Peter	Peter	Paris	Papa
Q	Quelle	Quelle	Queenie	Queen	Quebec	Quebec
R	Richard	Richard	Robert	Roger	Roma	Romeo
S	Samuel	Siegfried	Sugar	Sugar	Santiago	Sierra
Sch	Schule	Schule				
T	Theodor	Theodor	Tommy	Tare	Tripoli	Tango
U	Ulrich	Ulrich	Uncle	Uncle	Uppsala	Uniform
Ü	Übermut	Übel				
V	Viktor	Viktor	Victor	Victor	Valencia	Victor
W	Wilhelm	Wilhelm	William	William	Washington	Whiskey
X	Xanthippe	Xaver	Xmas	X(eks)	Xanthippe	X-Ray
Y	Ypsilon	Ypsilon	Yellow	Yoke	Yokohama	Yankee
Z	Zürich	Zeppelin	Zebra	Zebra	Zürich	Zulu

Literatur-
verzeichnis

Schöber, P., Organisatorische Gestaltung von Beschwerdemanagementsystemen, Frankfurt am Main et al., Lang, 1997

Ramsauer, A./Walser, K., Entwicklung eines Prozessmodells für

Beschwerdemanagement, Institut für Wirtschaftsinformatik der Universität Bern, 2005

Haas, B./von Troschke, B., Beschwerdemanagement, GABAL Verlag, Offenbach 2007

Strauss, B./Seidl, W., Beschwerdemanagement – Kundenbeziehungen erfolgreich managen durch Customer Care, 3. Aufl., München/Wien, Hauser 2002

Wimmer, F., Beschwerdepolitik als Marketinginstrument, in Hansen, U./Schoenheit, I. (Hrsg.), Verbraucherabteilungen in privaten und öffentlichen Unternehmen, Frankfurt am Main/New York, Campus 1985

Stadelmann, M./Wolter, S./Troesch, M. (Hrsg.), Customer Relationship Management – Neue Wege zum kundenorientierten Unternehmen, Zürich, Orell Füssli 2007

Schulz von Thun, F., Miteinander reden, Fragen und Antworten,

Reinbeck bei Hamburg, Rowohlt Taschenbuch Verlag, 2007

Bruhn, M., Kundenorientierung, München, dtv, 2007

Cerwinka, G./Schranz, G., Wie kommuniziere ich souverän mit Gästen?, Heidelberg, Redline Wirtschaft, 2007

Cerwinka, G./Schranz, G., Nervensägen, Wien, Linde Verlag, 2005

Cerwinka, G./Schranz, G., Der Telefon-Profi, Wien, Linde Verlag, 2009

Cerwinka, G./Schranz, G., Büro-Bibel, Wien, Linde Verlag, 2. Aufl., 2008

Cerwinka, G./Schranz, G., Beim ersten Eindruck gewinnen, Wien, Linde Verlag, 2006

Stichwort-verzeichnis